职业教育计算机类专业系列教材

文字录入与编辑实训教程

第 2 版

主　　编　韦忠坚　　梁庆凯

副 主 编　李　丹　　宁洁琪　　赵晓君　　温丽容

参　　编　蓝苗苗　　朱慧宁　　熊镇斌　　莫　可

U0361813

机械工业出版社

本书采用任务驱动和理实一体化相结合的方式编写，以企事业单位中的具体实例为任务目标，让学生体验整个工作流程，并在完成实例的过程中掌握和提高相应的知识与技能。全书分为3篇：基础篇是录入的入门技能，内容包括指法训练、汉字录入和数字录入；实战篇是对录入技能的提高及各种实用编辑知识与技能的训练，包括英文文档操作、中文文档操作、表单录入操作；提高篇是录入的进阶技能，包括听打基础和速录。

本书可作为职业院校电子与信息类、财经商贸类、新闻传播类、公共管理与服务类相关专业的教材，也可以作为计算机录入工作人员的参考用书。

本书配有电子课件，选用本书作为教材的教师可以从机械工业出版社教育服务网（www.cmpedu.com）注册后免费下载，或联系编辑（010-88379194）咨询。

图书在版编目（CIP）数据

文字录入与编辑实训教程/韦忠坚，梁庆凯主编． —2版． —北京：机械工业出版社，2023.9（2024.8重印）
职业教育计算机类专业系列教材
ISBN 978-7-111-73657-8

Ⅰ．①文… Ⅱ．①韦… ②梁… Ⅲ．①文字处理—职业教育—教材 Ⅳ．①TP391.1

中国国家版本馆CIP数据核字（2023）第149613号

机械工业出版社（北京市百万庄大街22号　邮政编码100037）
策划编辑：徐梦然　　　　　　　　责任编辑：徐梦然
责任校对：牟丽英　　李　婷　　　封面设计：马精明
责任印制：郜　敏
中煤（北京）印务有限公司印刷
2024年8月第2版第2次印刷
210mm×297mm·11.5印张·282千字
标准书号：ISBN 978-7-111-73657-8
定价：38.00元

电话服务　　　　　　　　　网络服务
客服电话：010-88361066　　机　工　官　网：www.cmpbook.com
　　　　　010-88379833　　机　工　官　博：weibo.com/cmp1952
　　　　　010-68326294　　金　书　网：www.golden-book.com
封底无防伪标均为盗版　机工教育服务网：www.cmpedu.com

前言

随着计算机技术的普及，计算机应用在人们生活、工作和学习中不断渗透，信息录入已成为现代人适应信息化社会所必须熟练掌握的计算机基本技能之一。当今及未来社会对计算机操作人员的需求量迅速增加，对键盘操作能力的要求也不断提高。

本书具有以下特点。

● 德技并修、价值塑造。本书全面贯彻党的二十大精神，落实立德树人根本任务，加快建设高质量教育体系，引导学生树立正确的世界观、人生观、价值观，帮助学生进行价值观塑造、能力锻造、人格养成，培养学生成为应用型、技能型人才。

● 概念清晰、系统全面。本书围绕职业教育教学的要求，紧扣教学标准，内容全面，基本涵盖了所有的知识点，同时突出了技能培训。

● 知识重构、精讲多练。本书根据以往的教学经验，结合学生学习及外出实践的实际情况，以实用为终极目标，以"必要""够用"为度，整合内容，以理实一体化、任务驱动式体现职业教育特色和课程改革创新思想的模式编写。本书配套练习形式齐全，难易结合，层次分明。

● 校企合作、岗课融通。本书选取的案例紧密结合工作岗位实际。以就业为导向，既突出学生职业技能的培养，又保证学生掌握必备的基本理论知识，使学生既会操作，又懂得基本的原理知识，同时具备相应岗位的基本素养。

本书可使学生具有使用计算机从事秘书、文书、信息资料与档案管理、文字处理等工作所必需的中英文及数字录入技能，制作中英文文稿版式的基本知识和基本技能，为学生走向工作岗位打下坚实的基础。

本书共分为3篇，各篇内容如下。

第1篇：基础篇，共3章10个任务，包括指法集中训练营、汉字录入训练营、数字录入训练营。

第2篇：实战篇，共3章16个任务，包括英文文档训练营、中文文档训练营、表单录入训练营。

第3篇：提高篇，共2章4个任务，包括听打基础训练营、速录强化训练营。

本书由韦忠坚、梁庆凯任主编，李丹、宁洁琪、赵晓君、温丽容任副主编，参加编写的还有蓝苗苗、朱慧宁、熊镇斌、莫可。

由于编者水平有限，书中难免存在一些疏漏和不当之处，敬请广大读者提出宝贵意见。

编 者

二维码索引

序号	图形	名称	页码	序号	图形	名称	页码
1		字母键的录入	2	7		五笔简码输入	24
2		符号键的录入	9	8		五笔词组输入	30
3		汉字字型结构分析	22	9		拼音输入法	35
4		五笔键内字	23	10		拼音技能提升	37
5		五笔键外字	24	11		大键盘数字录入	56
6		末笔画字型交叉识别码	24	12		小键盘数字录入	62

目录

前言

二维码索引

第1篇 基础篇

第1章 指法集中训练营 // 2

　　任务1 完成字母键的录入练习 // 2

　　任务2 完成符号键的录入练习 // 9

　　任务3 完成英文文章的录入练习 // 12

第2章 汉字录入训练营 // 21

　　任务1 完成汉字单字的五笔录入练习 // 21

　　任务2 完成汉字词组的五笔录入练习 // 30

　　任务3 完成汉字的拼音录入练习 // 34

　　任务4 完成中文文章的录入练习 // 41

　　任务5 完成实用中文的录入练习 // 51

第3章 数字录入训练营 // 56

　　任务1 使用大键盘完成数字的录入练习 // 56

　　任务2 使用小键盘完成数字的录入练习 // 62

第2篇 实战篇

第4章 英文文档训练营 // 70

　　任务1 完成英文信函、便函及便函信封的
　　　　　录入练习 // 70

　　任务2 完成英文商务信件的录入练习 // 75

　　任务3 完成英文公函信件的录入练习 // 81

　　任务4 完成英文信封的录入练习 // 86

第5章 中文文档训练营 // 91

　　任务1 完成入党申请书的录入练习 // 91

　　任务2 完成中文书信的录入练习 // 95

　　任务3 完成公文类通知的录入练习 // 100

　　任务4 完成经济合同的录入练习 // 106

　　任务5 完成教材书稿的录入练习 // 110

　　任务6 完成学术论文的录入练习 // 118

第6章 表单录入训练营 // 130

　　任务1 完成商品编码的录入练习 // 130

　　任务2 完成身份证号的录入练习 // 136

　　任务3 完成传票的录入练习 // 142

　　任务4 完成现金收入（支出）日记账的
　　　　　录入练习 // 146

　　任务5 完成收（付）款凭证的录入练习 // 150

　　任务6 完成出（入）库单的录入练习 // 155

第3篇 提高篇

第7章 听打基础训练营 // 160

　　任务1 完成英文听打的练习 // 160

　　任务2 完成中文听打的练习 // 164

第8章 速录强化训练营 // 171

　　任务1 完成现场会议记录的速录练习 // 171

　　任务2 完成辩论赛实录的速录练习 // 175

参考文献 // 178

第1篇

基础篇

➢ 第1章　指法集中训练营　// 2

➢ 第2章　汉字录入训练营　// 21

➢ 第3章　数字录入训练营　// 56

第 1 章

指法集中训练营

文字处理是各种工作岗位必须掌握的基本技能，而指法录入技能是掌握这一技能的基础。本章将通过循序渐进的任务设置，使同学们能轻松掌握此技能。

任务 1 完成字母键的录入练习

字母键的录入

熟悉键盘上 26 个英文字母所在的位置是进行指法录入的基础。在熟悉键位的基础上，掌握正确的击键方法，再辅以一定的练习，才能熟练掌握键盘字母键的录入方法。

➡️ 任务情境

吉永春初中毕业后没有继续上学，跟着叔叔到广东打工。他工作一段时间后，发现自己既没有高学历又没有技能，找的工作都是又辛苦又挣不到很多钱的体力活，而且年龄小，太重的体力活也做不了。于是他决定报考职业学校，学习一技之长。可他一开学便遇上了拦路虎——计算机录入，看到 26 个字母杂乱无章地排列在键盘上，他傻了眼。

➡️ 任务分析

1. 工作思路

26 个字母在键盘上的排列看似杂乱无章，其实设计者是根据这些字母在英文单词中出现的频率以及人各个手指的灵活程度来安排的。熟悉键位后，有利于提高录入速度。首先应掌握基准键位及击键指法，然后对应记忆上下排键位，再进行混合练习，就能有效掌握字母指法。

2. 注意事项

1）克服畏难情绪，耐心练习。
2）正确的指法是提高录入速度的基本条件。

知识储备

1. 录入的设备

录入时应备有一个专用的工作台，高度为 60～65cm，桌面长度不小于 1m，这样才能有足够的空间放稿件。座位建议使用能调节高度的转椅。如果桌椅不合适，则容易影响录入姿势，使人疲劳，同时影响录入的效果。光线不宜过强或过弱，过强或过弱都容易使眼睛疲劳。显示器不可调得过亮，以免影响视力。

2. 正确的录入姿势

初学录入时，有些同学不太注意姿势，过于放松。这是不对的，因为姿势不正确，不但会影响录入的速度和准确率，而且很容易疲劳。因此，不能忽视姿势，这是录入的基本功之一。录入时，除了手指悬放在基准键上，身体的其他任何部位都不能放在计算机边框或工作台上。

（1）坐的姿势

首先，座椅的高低与录入工作台的高低要合适，以手臂与键盘面平行为宜，座位过低容易疲劳，过高则不便操作。人坐在相对于键盘正中、稍偏右侧。操作人员坐在椅子上时要腰背挺直，肩部放松，以臀部为轴，上身微向前倾，双脚自然地平放在地板上，两脚间距离应保持在 20cm 左右。

（2）手臂、肘和腕的姿势

上臂和肘应靠近身躯，肘应与肋间的左右两侧各保持 5～10cm 的距离，下臂和手腕略向上抬起（但不可拱起手腕），手腕与计算机键盘的下边框应保持 1cm 的距离。

（3）手指的姿势

手掌以手腕为轴略向上抬起，手掌与键盘的斜度相平行，手指稍弯曲，指尖与键面垂直，轻轻地放在键盘上，左右手的拇指轻放在空格键上。

击键用力部位主要是指关节，而不是手腕。以指尖（打字之前手指甲必须修平）垂直向键盘使用冲力，要在瞬间发力并立即反弹，切不可用手指压键，以免影响击键速度。

录入的姿势可归纳为"直腰、弓手、立指、弹键"。

3. 录入要领

1）眼睛要看文稿而不是键盘和计算机屏幕，按键应全凭手指的触觉；开始时会相当困难，但坚持一段时间后就会逐渐习惯。这如同弹钢琴一样，眼睛看着乐谱，手指就自然而然地找到音符键。初学者看着键盘录入容易些，但录入稿件时看键与看稿交替，容易使人疲劳、出错并减慢录入速度。

2）击键要迅速、果断，不能拖延、犹豫。击键的频率要均匀，听起来有节奏。手指击键时要有弹性，一触即回。不要用力敲击，以免损伤键盘。

3）精神集中，避免差错。在录入过程中，要切记质量第一，要在准确的基础上提高速度。

4）读文稿的方法。读文稿时，文稿放在键盘左侧，微倾斜，以便于阅读（或用专用夹夹在显示器旁）。打字时，眼观文稿，身体不要倾斜，主要精力放在文稿上。读稿速度以与手的速度相符为准，切记不要边看文稿边看显示器，否则，注意力分散，容易造成多打、漏打或串组、串行等差错。

阅读文稿时，要将视线集中在单词（或词组）上；击键时，视线要集中到第一个单字，击完第一个单字后，视线移到后一个单字（空格归并前一单词或词组）。

在眼看与手击之间，脑是桥梁，眼所看到的反映到脑中，脑指挥手完成击键动作。手的键感返回通知大脑动作完成，眼睛收集信息，其路径为眼→脑→手→脑，直到输入结束，该循环才结束。

4. 基本指位

操作计算机时，键盘上的每一个键都是由固定的手指来按，每一个手指都分工按确定的一部分键，手指指位示意如图1-1-1所示。乱用手指会影响录入速度和正确率。

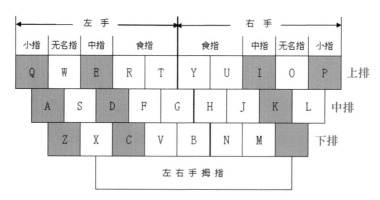

图1-1-1 手指指位示意

5. 基准键位的指法

基准键位即键盘中排上的8个键位，基准键位示意如图1-1-2所示。

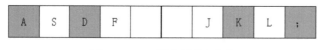

图1-1-2 基准键位示意

基准键位是手指击键的根据。击其他任何键时，手指都要从基准键位出发，击键结束应立即回到基准键位上。熟练掌握基准键位的指法是学好录入的基础。

将左手的手指分别轻放在 <A>（小指）、<S>（无名指）、<D>（中指）、<F>（食指）键上，右手的手指分别轻放在 <J>（食指）、<K>（中指）、<L>（无名指）、<;>（小指）键上。左右手的拇指侧放在空格键上。

6. 初学录入时容易出现的弊病

初学录入时容易出现的弊病有下列几种，应注意克服。

1）不是击键，而是按键，并且一直按到底，没有弹性。

2）腕部呆滞，不能与手指配合，既影响手形，也不可能做到击键迅速、声音清脆。

3）击键时手指翘起或向里勾。

4）左手击键时，右手离开基准键。

5）将手腕放在工作台上或键盘边框上。

6）小指、无名指击键力度不够。

7）由于盲目追求速度，超出应有的均匀拍节。所以，初学者上第一节课时，从击打第一个字键开始就应该体会录入动作的节奏感。

8）击键力量太大，声音太响。另外，手指运动幅度过大时，击键与恢复都需要较长的时间，会影响输入的速度。当然，击键也不能太轻，太轻了达不到一定的键程，反而会使差错率升高。

技能点拨

1. 键盘打字与触觉打字

键盘打字是用手指击打每个相应的键位字，也就是说要灵活地运用每一个手指，以正确的击键姿势和指法去击打适当的字键。

触觉打字也称10指触觉打字，即不需要看键盘，全凭手指触觉的条件反射击打字母键，键盘中的每一个字母键和基准键均由固定的手指负责。练习打字时，视线要专注于文稿或屏幕，只要双手准确地放在基准键位上即可凭指头的触觉来打字。所谓10指触觉打字，实际上是用8个指头来打字，2个拇指只在需要击空格键时才使用，且一般只用右拇指按空格键。为什么不用左拇指或用两个拇指轮换击键呢？因为英文单词（句子）通常以 e、r、s、t、d、g 等字母结尾，而这些字母都排在左手边的键盘上，所以如果用左手拇指来击空格键后再击左边的键或击完最后一个字母后再击空格键，在操作上便显得有些迟缓。再者，一般人都习惯使用右手操作，要是由左手大拇指来击空格键，则显得不够灵活。至于用左右两手拇指交互击空格键，表面看来较为理想，因为英文单词的最后一个字母不一定都是位于键盘一边的，如果最后一个字母在键盘的左半部分，则用右手大拇指击空格键；反之，则用左手大拇指击空格键。但实际上，这容易造成互不尽职的情况。所以平时要养成使用右手拇指专职击空格键的良好习惯。

视觉打字法及单指打字法，都是眼睛专注键盘并且单用一个手指敲击字键，初学者感到方便，但因缺乏系统、规则的手指动作，打字时左顾右盼，易因分散注意力、感疲倦而不能持久，当然也无法进步。这是一种既不科学也不符合实际的打字方法。

2. 触觉打字法的练习步骤

1）准备录入时，先将双手平放（手心向下）在膝上，闭上眼睛，然后慢慢摸索往上抬，沿着计算机键盘的前缘、空格键、第一排字键而后把双手的8个指头自然地弯曲并轻放在第二排的基准键上（左手4个指头的位置为：小指放在 <A> 键上，无名指放在 <S> 键上，中指放在 <D> 键上，食指放在 <F> 键上；右手4个指头的位置为：小指放在 <;> 键上，无名指放在 <L> 键上，中指放在 <K> 键上，食指放在 <J> 键上）。如此反复地练习，使双手动作灵活自如，打字时就可以使双手迅速、正确地放置在基准键上。

2）在键盘第二排左、右基准键中间，尚有 <G><H> 两键，称中央字键。打字时可用左手食指兼击 <G> 键，右手食指兼击 <H> 键。

3）手指停留在基准键上，击打中央字键及向上、向下等键时，应随打随收，并立即回到基准键上。

4）打字时，要全神贯注在文稿上，不可看键盘，用指尖击打字键的一刹那要瞬间发力，稍带弹性。手指不是按键，而是击下后立即提起，能否体会和掌握这个要领，是学习打字技能成败的关键。

5）每个手指都有固定键位职责，必须严格遵守规定，分工明确，严守岗位。这里，任何的

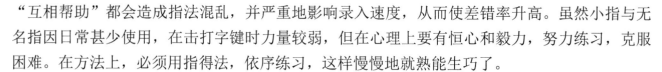

"互相帮助"都会造成指法混乱,并严重地影响录入速度,从而使差错率升高。虽然小指与无名指因日常甚少使用,在击打字键时力量较弱,但在心理上要有恒心和毅力,努力练习,克服困难。在方法上,必须用指得法,依序练习,这样慢慢地就熟能生巧了。

6)空格键在原则上是右手大拇指来操作,这一键击下与提起恰是一空格,要是动作不够利落,则会有少空、挤字或跳格现象发生。

3. 中排字母练习

1)8个基准键位置要记清,不能有半点含糊。<F><J>键为定位键(上有一凸起处),分别为左、右手食指键,以它们为准,8个手指自然下垂,依次轻放在基准键上。

2)击键时,两眼专注文稿,击键要稳、准、快,击毕及时回位。在击键过程中,要注意手指击键与收回时的伸缩性,小指与无名指应自然下垂,不要向上翘起。

3)每次击键过程中,因为手要抬起,除要击键的那个手指外,其余手指的形状仍然保持原状,不得随便屈伸,而击键的手指在起手时伸出击键,在手回归基准键的过程中缩回。

asdfg	asdfg	asdfg	asdfg	asdfg	asdfg	asdfg	asdfg	asdfg	asdfg
gfdsa	gfdsa	gfdsa	gfdsa	gfdsa	gfdsa	gfdsa	gfdsa	gfdsa	gfdsa
hjkl;	hjkl;	hjkl;	hjkl;	hjkl;	hjkl;	hjkl;	hjkl;	hjkl;	hjkl;
;lkjh	;lkjh	;lkjh	;lkjh	;lkjh	;lkjh	;lkjh	;lkjh	;lkjh	;lkjh
jdhgs	kglsh	sjfgg	sjksa	fghag	fd;al	kdhgg	dsjgs	fagfj	ahsdk
lajdj	hal;a	lkfld	jhgsk	sjdgg	fksgh	dfhsg	ghskg	hgsak	dhjal
ka;al	jdjhf	jaghd	gakah	fjdgh	fgsfa	dshfg	gkhlj	kjfhf	gfsfs
dassg	gfghh	jjhkj	kllkk	ajsdj	hagaf	dassf	adsdf	adgfh	gjhkj

4. 上排字母练习

1)在输入过程中,一手击键,另一手必须停留在基准键上处于预备状态;击键手除要击键的那个手指伸屈外,其余手指只能随手起落,不得随意屈伸,更不得随意散开,以防回归基准键时引起偏差。

2)在击键时要反复体会手指应移动的角度、距离和回归动作,建立条件反射。同时,注意弹击的准确性,不要弹击在两字母键之间,特别注意小指和无名指不要上翘。

qwert	qwert	qwert	qwert	qwert	qwert	qwert	qwert	qwert	qwert
trewq	trewq	trewq	trewq	trewq	trewq	trewq	trewq	trewq	trewq
yuiop	yuiop	yuiop	yuiop	yuiop	yuiop	yuiop	yuiop	yuiop	yuiop
poiuy	poiuy	poiuy	poiuy	poiuy	poiuy	poiuy	poiuy	poiuy	poiuy
tetru	qyury	errui	poqqp	oruet	yruyt	qpqpu	ieqti	wqpqo	iroeu
tiyqu	tuety	ruytq	pqpie	yttqy	ryreq	wutro	iwito	pwiei	ruiqe
yutre	iqieu	ueqqp	uieqt	iwyte	uyruq	tetyr	uytqp	qpuie	qtiwp
ruytq	pqpie	yttqy	weiuo	iqyer	queiy	teirq	ippie	yuwey	tqyew

5. 下排字母练习

1)在输入过程中,一手击键,另一手必须停留在基准键上处于预备状态;击键手除要击键的那个手指伸屈外,其余手指只能随手起落,不得随意屈伸,更不得随意散开,以防回归基准键时引起偏差。

2）在击键时要反复体会手指应移动的角度、距离和回归动作，建立条件反射。同时，注意击键的准确性，不要击在两字符键之间，特别注意小指和无名指不要上翘。

zxcvb	zxcvb	zxcvb	zxcvb	zxcvb	zxcvb	zxcvb	zxcvb	zxcvb	zxcvb
bvcxz	bvcxz	bvcxz	bvcxz	bvcxz	bvcxz	bvcxz	bvcxz	bvcxz	bvcxz
nmmn	nmmn	nmmn	nmmn	nmmn	nmmn	nmmn	nmmn	nmmn	nmmn
zxcvbnm	zxcvbnm	zxcvbnm	zxcvbnm	zxcvbnm	zxcvbnm	zxcvbnm	zxcvbnm		
mnbvcxz	mnbvcxz	mnbvcxz	mnbvcxz	mnbvcxz	mnbvcxz	mnbvcxz			

vbcnm	znczb	vnzcb	vcvxc	nmzmn	zxnbz	mxnbc	vczbx	nxzbv
cbnvb	zvbvn	bvzbn	vbzxv	cbzvb	xvbzc	bbvcb	nczbv	nzcbb
vmzmn	xncnm	zzxmx	cnzmm	ccbnv	cvxcn	mzmnz	xnbzm	xnbcv
czbxn	xzbvc	bnvbz	vbvnb	cnzcv	bzxvc	bzvbv	cbzxv	ccnmz
mnzxn	bzmxn	bxnxz	bvcbn	vbzvb	vnbvz	bnxcn	zcvbz	xvcbz

6. 混合字母练习

1）由于有些键的键位感不易掌握，错误率会增加。在练习时，应加强对手指移动角度、距离的体会。始终注意协调眼、脑、手的动作，即眼要看准，脑要记准，手要跟上，击键才能准确。

2）要注意克服左右手对称性错误。

salute	quarter	progress	salute	quarter	progress	salute	quarter	progress
people	opening	people	opening	people	opening	people	opening	people	opening
worry	study	practice	worry	study	practice	worry	study	practice
guiz	quick	jump	plant	guiz	quick	jump	plant	guiz	quick	jump	plant
body	ginkgo	essentials	body	ginkgo	essentials	body	ginkgo	essentials
health	sciences	reset	health	sciences	reset	health	sciences	reset

wlxog	xiqpe	uqoig	apvnq	lwxhc	qnvpa	xtwur	auryf	syoum	ajchw
afnru	rsjao	fcmbx	qiwkt	guakb	cqmag	ldptx	tysrm	ftkdr	hwvya
fkqis	jdugt	mvzor	cpsbx	lrhfy	kriwp	ungjf	sozmv	pdyrl	fibxh
ajchw	bxkzp	daflv	tysrm	uqiog	sofqm	auryf	vhtcl	xtwnr	qndpj
bnfsy	wlxig	ptjru	cozhd	ekvma	dkzug	apvna	sofwi	edxkc	mrtyb

7. 大小写字母混合练习

1）无名指是灵活性较差的手指，运用时比较困难，不如食指、中指灵便，而且击键时往往力量不足，应经常练习。弹击时力量应保持均匀，同时要注意克服对称性错误。击键时仍要注意迅速、准确、弹毕回位。

2）小指击键力量往往不足，且灵活性最差，由于它在掌部的最外侧，指短而小，所以当用它着力击键时，无名指、中指、食指便不自觉牵扯着卷缩起来，以致使这几个手指离开键的中心位，很影响指法的正确运用。因此在练习基本指法时，小指指法的训练应作为重点来突破，反复练习，直到其灵活性能适应指法要求。

3）仍要注意克服左右手对称性错误。

sDxpa	roWbn	jruBm	jsrIc	owUip	zuVke	Daciw	JgmLx	jIilE	adEij
jdAyt	bJaod	clwUz	hZoth	Rjkdi	sNxof	kQurs	szaHr	lqnPg	jiaSm

fMgrj	hwVja	bnFsy	fodLt	epnJr	awoTk	Qiwkt	qnpdX	mGfos	Kfwiq
fkWip	mAgos	nmDke	qiOap	aWodt	Epnjr	fOdlt	bNfsy	hwvjA	fmgrY
iwxHv	cmzoG	wlxIg	nmJqp	iaCkw	lrNap	aIwld	xtwnR	dkbPq	jDugt

igOaj	jaoGi	dafLv	rsJao	syOmv	fguDy	jFngu	sofQn	rnWix	lrhpY
flnVy	nSrmq	dYvlf	qfMrs	ajChw	bXkzp	pZnto	flEqn	fIbxh	pDyrl
lHceu	spxJg	nqkDg	dAnap	bnCmv	qeVly	ndYkq	eyrHg	wnTjd	cnSmx
epuZc	eMxsj	cLziw	gFyel	tJqlr	iPrqy	cglEm	daOjb	fkQhr	pRksp
giaMx	ubrOv	rtyHb	augjD	dMfnp	lfvYu	dyvlF	ajcHw	pztOn	fibXh

任务评价

键盘字母键任务评价标准，见表 1-1-1。键盘字母键练习记录表，见表 1-1-2。

表 1-1-1　键盘字母键任务评价标准

任 务 内 容	测试时间（分钟）	合　格		良　好		优　秀	
		录入速度（字/分钟）	准确率（‰）	录入速度（字/分钟）	准确率（‰）	录入速度（字/分钟）	准确率（‰）
中排字母	10	90	960	120	980	150	998
上排字母	10	90	960	120	980	150	998
下排字母	10	90	960	120	980	150	998
混合字母	10	100	960	150	980	200	998
大小写字母混合	10	40	960	60	980	80	998

表 1-1-2　键盘字母键练习记录表

练 习 内 容	练习时间（分钟）	第一次练习		第二次练习		第三次练习	
		录入速度（字/分钟）	准确率（‰）	录入速度（字/分钟）	准确率（‰）	录入速度（字/分钟）	准确率（‰）
中排字母							
上排字母							
下排字母							
混合字母							
大小写字母混合							
练后反思	找出录入慢和录入错误的原因，思考如何提高录入速度和正确率						

强化训练

同学们已经学会了英文字母录入的基本指法，为文字录入技术奠定了初步基础。为了达到在实际工作中综合使用各字母键的目的，还必须进行各字母键上下左右交错击键的综合练习，以帮助我们提高文字录入水平。下面的练习需要反复多次进行，它将帮助我们达到准确、熟练地进行录入的目标。

fkwiq	mgfos	qnpdj	piwkt	awotk	epnjr	fodlt	bnfey	hwvja	fmgrj
iwxhv	cmzob	wlxig	nujsp	iqckw	lmap	aiwld	xtwntr	djbpq	jdugt
mvzos	zueya	vhtel	fchbx	fmxif	tlbmu	sigvw	ptjru	xiqpe	akzno

cgusb	trkdr	cozhd	zskyr	dysog	suzvm	nuzoe	auryf	ltchv	cppbx
lrhfy	rnwix	sofqm	jfngu	fgudj	hfzux	cmqhw	ekvma	nsouc	ryeld

eyvlc	ldptx	dkzug	eoxkv	vhayw	bpduz	udpbz	uqiog	heydp	kriwp
ungjf	gixkw	tysrm	achyu	chwkx	usjtb	bqysl	apvnq	ikfzh	qbptt
kehwn	cqmag	sofwj	ifnzm	rlxke	ifoaj	jaoev	daflv	rsjao	sozmv
pdyrl	fleqm	bxkzp	qfmsr	nsrmq	cozog	tpbrw	edxhc	yejse	odmru
gizrmx	udrov	mtryb	auojd	dmfnp	flnvy	dyvlf	ajchw	pznto	fibxh

pdyrl	fibhx	fleqm	pznto	boxkzp	ajchw	qfmrs	dyvlf	nsrmq	flnvy
igoaj	jaofi	daflc	rsjao	syomv	fgudj	jfngu	sofqm	mwix	lrhry
mvxos	cppea	zueya	ltchv	vhtcl	auryf	fchbx	mvzus	bmxif	sexvm
lrnap	awotk	lrydx	qiwkt	xtwnt	qnpdj	djbpq	mgfos	jdugt	fkwiq
dmfnp	augjd	mrtyb	ubrov	giamx	qnvpa	guzkd	amvek	rdkft	epqix

vhayw	usjtb	eoxkv	hqysl	dkzug	apoig	ldptx	ikfzh	eyvle	qbppt
bpduz	xkwhc	udpbz	tusrm	uqoig	gixkw	heydp	rnwix	kriwp	yfhrl
odmru	kehwn	ydjsw	cqmag	lexhe	gofwi	tbprw	ifnzm	cizog	rlxke
tlbmu	dysog	zkdur	ptjrn	coyhd	xiqpe	tfkdr	akzno	cgusb	ksaxi
iwxhv	fmgrj	cmzob	hwvja	wlxig	bnfsy	nujsp	fodlt	iqckw	cpnjw

符号键的录入

任务 2　完成符号键的录入练习

录入过程中，常常会遇到输入各种符号的情况。因此，首先要掌握常用标点符号的输入方法，进而掌握其他符号的输入方法。在计算机键盘中，双字符键包含了数字、标点符号以及一些常用的其他符号。所以，掌握双符号键上符号的录入方法对提高录入速度至关重要。

任务情境

吉永春静下心来记忆并练习，很快掌握了英文字母录入的基本指法。在此过程中他发现，键盘上除了字母键之外，还有不少键上标着上下两个字符。这些键怎么用呢？

任务分析

1. 工作思路

这些双字符键包含了数字、标点符号以及一些常用的其他符号。同学们可以先练习本位键的符号，再练习上挡键的符号；也可以先熟悉常用的标点符号，再对其他符号进行练习。

2. 注意事项

1）符号键的录入对无名指和小指的使用甚多，应加强练习。

2）练习时注意左右手的配合。

➡ 知识储备

符号键基本指位，如图 1-1-3 所示。

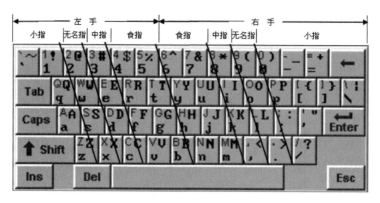

图 1-1-3　符号键基本指位

在输入程序中的运算符及其他标识时，就要用到键盘上的双字符键。这时必须注意以下两个问题：

（1）符号类型及分布

机型不同，其键盘上的符号类型和分布也略有差异。对于不使用固定某种机型的操作人员，击某个符号的指法，取决于该符号所处的键位。也就是说，符号所处的键位不同，所使用的手指和指法也应做相应改变。

（2）Shift 键作用

符号键都是双字符键，在输入本位符号时，只需直接击打符号所在的键即可。在输入上挡符号时，需用 Shift 键适当配合。例如，要输入由右手无名指管的"＞"号时，就要先用左手小指按住左边的 Shift 键，再用右手无名指击键，击毕两手缩回；要输入左手中指管的"＃"号时，则需用右小指按住右边的 Shift 键，再由左手中指击键，该符号才能被输入，其他符号的输入方法类推。

➡ 技能点拨

1. 符号键的练习

符号键的练习最好在英文字母录入训练达到一定的熟练程度后进行。因为符号键的输入多数要用到无名指和小指，甚至是左右手小指与其他各手指的配合。练习时每个手指要严格遵守键位职责。小指与无名指在击打字键时，因日常甚少使用，力气较弱，需要努力练习。只要用指得法，依序练习，慢慢地就熟能生巧了。

2. 本位符号的练习

本位符号即双字符键中位于下面的符号，输入时只需击其所在的双字符键即可。由于多数符号位于无名指和小指的管辖范围，所以练习时要特别注意无名指和小指的指法。

```
;'[],./      ;'[],./      ;'[],./      ;'[],./      ;'[],./      ;'[],./      ;'[],./      ;'[],./
[;,]'./      [;,]'./      [;,]'./      [;,]'./      [;,]'./      [;,]'./      [;,]'./      [;,]'./
]'/[;,,      ]'/[;,,      ]'/[;,,      ]'/[;,,      ]'/[;,,      ]'/[;,,      ]'/[;,,      ]'/[;,,
-=\  \=-    -=\  \=-    -=\  \=-    -=\  \=-    -=\  \=-    -=\  \=-    -=\  \=-    -=\  \=-
```

3．上挡符号的练习

上挡符号即双字符键中位于上面的那个符号，输入时只需同时按下 <Shift> 键和符号所在的双字符键即可。由于输入时需要左右手小指与其他各手指的配合，因此在练习时，小指指法的训练应作为重点来突破，反复练习，直到其灵活性能适应指法要求。

:"{}<>?	:"{}<>?	:"{}<>?	:"{}<>?
{:<}">?	{:<}">?	{:<}">?	{:<}">?
}"?{:><	}"?{:><	}"?{:><	}"?{:><
!&@*#($)%_^+|	!&@*#($)%_^+|	!&@*#($)%_^+|	
|^+%_$)#(@*!&	|^+%_$)#(@*!&	|^+%_$)#(@*!&	

4．混合符号的练习

对于混合符号的录入，速度很重要，但要以准确为前提。首先，要记清各符号键的位置；其次，小指与各手指的配合也很关键。只有多次反复练习，才能很好地掌握混合符号的录入指法。

;["[];](^$+_,.;#^'!@#@$#$%^%((()_+|+|+
__))*&&%#!@#%%^%&*&**(&(*)_|++
@#())$@!)+&$%^(+{}:"><?:?"{>+_]}*^%

)(%^(+{}?:<<?,!^*#$%#%&&&{}:"><?::)+
|=\-=^?^%](_#_|+@;>/#$=-<:"{)_{"@!];%+]
!)+&$%^&)(_+||{:}?[=--\{}'>:",!<>?+|}_},^

任务评价

符号键任务评价标准，见表 1-1-3。符号键练习记录表，见表 1-1-4。

表 1-1-3 符号键任务评价标准

任务内容	测试时间（分钟）	合格		良好		优秀	
		录入速度（字/分钟）	准确率（‰）	录入速度（字/分钟）	准确率（‰）	录入速度（字/分钟）	准确率（‰）
本位符号	10	40	960	60	980	80	998
上挡符号	10	20	960	40	980	60	998
混合符号	10	30	960	50	980	70	998

表 1-1-4 符号键练习记录表

练习内容	练习时间（分钟）	第一次练习		第二次练习		第三次练习	
		录入速度（字/分钟）	准确率（‰）	录入速度（字/分钟）	准确率（‰）	录入速度（字/分钟）	准确率（‰）
本位符号							
上挡符号							
混合符号							
练后反思	找出录入慢和录入错误的原因，思考如何提高录入速度和正确率						

强化训练

同学们已经掌握了符号的录入指法，下面的练习需要反复多次进行，它将帮助我们达到准确、熟练地进行录入的目标。经过此练习后，相信录入速度和准确率都将有明显提高。

")((**&%^&)(_+||{:}?[=--\}'>:",!)(_+||{:}?:<
<--\{}'>:",!^*#?+|}_},^%+%?&/.*((*&)_{"@
$=-<:"{)_{"*&&%#!@#?")((**&&^)(_+||{:}?

[=--\{}'>:",!<>+||{:}?:<][=--\{}'>:",!^*<<?,!^*
#$%#%&&{?^%*&%^&)(_+||{:}?[=--\{&}#+?
;["[];](^$+#%%](_#_|+@;'+==-=&*!

__))*&&%#!@%?>/#$=-<:"{}|/$\?>/#$
=-<:"{}| [.#&&&^!@$##$%#%&&&*^%(()^)_
@#())$@!)+/.*((*&$%^(+{}:"><?:?"{>+_|}*^%

-\{}'>:}[?:", -\!< &{}:"_#_|+@;>/#
$=-<:"{)_{ "*&^*;#)*&$& |}_},^%+%}|[.#&/.*(
^%]|{:<]=-{}'>:",!^* <?,!^*# %#%& (_#_|+@;

任务3 ▶ 完成英文文章的录入练习

英文文章中包含了英文字母与各种标点符号，但不仅是两者的简单组合。英文文章是由英文句子组成的，英文句子的开头首字母必须大写，而且不同的标点后面排版所留的空格数不同，所以英文文章录入首先要注意大小写字母的切换，还要注意版式的各种规定。

➡ 任务情境

吉永春对字母、符号的键位已经熟练掌握，便跃跃欲试，想打出一篇完整的文章。于是，他找来了一篇英语童话故事小试牛刀。

➡ 任务分析

1. 工作思路

录入英文文章时，不仅要正确录入字母与符号，还要符合英文排版的规定。另外，键盘录入时，用力要轻重一致，速度快慢均匀，以提高录入的质量和效率。

2. 注意事项

在练习过程中要注意克服两个常见的毛病：
1）左、右手混淆。
2）前后字母倒置。

➡ 知识储备

1. 大写字母的用法

英文文章中，句首单词、专有名词和人名的第一个字母一般须用大写。

1）人的名字首字母大写。

外国人名的姓和名的首字母都大写。例如：

Charles Darwin

复姓的首字母均大写，中间加连字符"-"。例如：

Milne-Edwards

也有连写的，例如：

MacDonald, MacCarthy

参考文献中作者名的排列方法一般为：

I. Brown & F. Smith.

译成英文的中国人名，姓和名的首字母一般用大写。名为双字时用连字符连接。例如：

Hua Loo-keng

2）国家、国际组织、国际会议、条约、文件等的名称首字母大写（前置词首字母小写），缩写也是如此。例如：

Conference of Asia and Africa

3）城市、街道、广场等的名字首字母大写。例如：

Beijing, Shanghai

4）学校、机关等的名称首字母大写。例如：

Institute of Geology, Academia Sinica, Beijing

5）书名、期刊名中的实词和第一个单词的首字母大写。例如：

Hodgman, West & Seldy：Handbook of Chemistry and Physics

6）标题、章节名为了突出，有时全部大写。例如：

SUMMARY

7）附在中译名后面的外文原名，除专有名词用大写，一般均用小写。例如：

营养（nutrition）

8）I 作"我"字解时，不论放在哪里，均用大写。

9）O 字母作感叹词用时，不论放在哪里，均用大写。

10）星期名的首字母须用大写。例如：

Sunday, Monday, Tuesday……

11）月份或其缩写体首字母须用大写。例如：

January, February, Oct., Nov., Dec.……

2. 标点和各种符号的一般应用

（1）句号

1）句号用在一句话的末端，录入完句号之后空两个空格再接着录入下一句，例如：

①He took a hand from my arm and pointed to himself.

②He pulled back his head and looked at me to see what I was thinking.

Once there were two little children. They lived with their father and mother. Their father was a rich man. He had a beautiful house and a large garden.

2）句号用在缩写的末端时，空一个空格再接着录入下一字。需注意：第一，对于缩写的人名，人名中的句号之后可空格也可不空格；第二，人名之后需空一个空格。例如：

Hudson, J. A., Brown, E. T. and Rock Smith Jr. are running.

3）句号还可用做小数点。例如：1.9m。

（2）逗号

逗号用于表示一句话中间的停顿。录入时，逗号之后空一个空格。例如：

①When a strong wind came, the sun had gone down in the west.

②You may, if you like, go now.

③He is honest, I understand.

（3）分号

分号用于并列分句之间的停顿。分号录入完成后空一个空格。例如：

①All work is as seed sown; it grows and spreads, and sows itself anew.

②Your letter of application should include all important details; for example, age, education, experience, and salary desired.

③A man ought to read just as inclination leads him; for what he reads as a task will do him little good.

（4）冒号

1）冒号用于表示提示语之后的停顿，外文商业信函的台头称呼之后也常用。录入时，冒号之后空两个空格。例如：

①Dialogue A: Courtesies.

②Li: Good evening, Frank.

③Receptionist: Good morning.

2）冒号还可以用做时、分、秒的分隔符，在这种情况下冒号后面不空格。例如：

The evening performance began at 7:20 and ended at 11:40.

（5）问号

问号用在直接问话的末端。录入时，问号之后空两个空格。例如：

What about current scientific journals?   Can they be borrowed?

（6）叹号

叹号表示一句感叹话完了之后的停顿。录入时，叹号之后空两个空格。例如：

①Oh, come off it, Andy!   Let's go.

②Ride on over all obstacles, and win the race!

③I can hardly believe that he would do anything so contemptible!

④What a strange way to act!   His behavior is beyond understanding!

（7）破折号

破折号用于引出一个注释性的部分。破折号前后空一个空格或不空空格均可，但在文内要统一。例如：

①Oh, yes——here it is. Could you sign here, please?

② Oh, these are the lecture halls —— the more serious. "Oh, yes —— our time check!" said the radio announcer, "It is exactly 2 minutes to eight."

The train, which was due at 6:20, was 56 minutes late.

The crowd that had assembled to meet the ambassador —— the hero of the moment —— was becoming restless.

Some were heard to murmur, "Let's go! Why wait any longer?" Others, however, said, "We've waited so long, why not wait a little longer?"

（8）括号

括号用以表示文中注释的部分。括号外面空一个空格，里面不空格。例如：

① Look, it's only a short delay. (Reading from the Information Board)

② Sure. (Looks at his passport) Thank you very much, sir. You'll be hearing from us shortly.

③ (To Andy) How does it look?

（9）引号

引号用来括住所引述的话，也可以用来括住书名、戏剧名称、报刊名称等。引号外面空一个空格，里面不空格。例如：

① Tobias writes for a magazine called "Young Africa". That's why he's always asking questions.

② The Dramatic Club will present a scene from "A Midsummer Night's Dream".

③ The credit manager wrote, "We regret that we cannot make shipment until your present balance is reduced."

④ "What an idea!" said Mr. Brown. "We cannot possibly accept your suggestion."

（10）省音号

省音号（'）也称为硬撇号，用来表示英语的省略写法。省音号还可用在计量、计时、经纬度上。省音号前后均不空格。例如：

① What's that park on the left?

② I'd like to open an account.

③ Here it is. I've found it.

④ You're on! Tobias, are you coming with us?

Each day it was just the same. At last, Rose went to the old king and said, "I don't want that new girl to help me with the ducks and geese anymore."

Then the Princess began to cry, and she said, "I can't tell you, I can't tell anyone；because if I tell, she will kill me with her own hands."

（11）连接号

连接号（-）常用于复合字或复姓等处。连接号前后均不空格。例如：

① An iron-enriched tonic and some vitamin tablets. The chemist will tell you the dosage.

② His self-control during that half-hour was remarkable.

③ The package weighs 6 ounces；send it by third-class mail. Your prompt attention to shipment is most desirable to all parties concerned. we hope you will let us have your telegraphic shipping advice without further delay.

（12）斜线号

斜线号的主要功能是起分隔作用，也可用做分数线，还可用做某些字的缩写。例如：

bit / men / are / fan / win / per / ice / yards /

Order No 115 / 32 and Invoice No 129 / 203 were sent.

The number of delivery docket is 45 / 17 / 67 / 2.

My address is 5 / 89 Yew Road. not 8 / 45Cedar Road.

I / we；me / us；cash / cheque; air express / air freight

a / c c / fb / f r / d；7 / 8ths；2 / 5ths；file No Ho / 4 / 61.

（13）表示"and"的 & 符号

在录入 & 号时，前后各空一个空格。例如：

Pitman & Sons Co.

此符号大多用于专用名词与标题上，文句中不宜使用。

（14）百分号

百分号与其前面的数字之间不空格，之后空一个空格。例如：

50% profit；25% tax；10% discount；5% commission.

（15）星号

星号（*）一般做注释时使用，另外星号还可当做花边用。例如：

Borrow "Bell-birds" or "Orara" by Henry Kendall.   *   "Australia-My Homeland"   *   * was written recently.

*Selections from the Australian Poets

**Songs of Australia

（16）省略号

英文中的省略号与汉语中的不同，为 3 个点并居于行底，在句子中表示意思未完，在公式中表示未尽项。例如：

They are on the shelves, sir. Put them in a basket and…at the counter…there.

技能点拨

经过前面的练习，相信同学们对英文字母及符号的录入方法已经熟练掌握。在下面的练习中，除了要注意力高度集中，始终坚持录入时的正确姿势和盲打以外，还要注意控制击键的力度和速度，用心体会键位感和节奏感，以提高键盘录入的质量和速度。

1. 句子练习

I am going to borrow Stalin's On Lenin.

We plan to visit the village where we worked last summer.

It is time to begin the meeting. Let us turn off the radio.

Most of the people joined in the discussion.

We are planning a visit to Tianjin. Will you join us?

She is playing a *Black song*. How well she is playing?

I hope we will have the opportunity to boat there.

We should learn more English poems by heart.

Will you please explain the meaning of this sentence?

In this class, no one speaks English as well as Jack.

2. 段落练习

It was a beautiful garden. Here and there over the meadows grew flowers like stars. The fruit trees blossomed in the springtime and were heavy with fruit in autumn. The children used to stop their games in order to listen to them.

There were some people in the southern part of Greece called Spartans, who were famous for their simple habits and their bravery. The name of the area in which they lived was Laconia, and so they were also called Lacons.

3. 英文文章练习

A page from a student's diary

Saturday, June 18 th, 1994   **Cloudy**

There were no classes this afternoon. My classmates all went to People's Park. They had a good time, but I didn't go.

After lunch, Aunt Huang came in and she looked worried. "Grandma is ill," she said. "I must take her to hospital. But my baby, … I can't leave her by herself."

Mum and Dad were not at home. So I said, "Don't worry. I can look after her."

"Thank you, Xiao Feng."Then she left.

The baby was about ten months old. At first, she was asleep. Half an hour later, she woke up and began to cry. "Don't cry," I said. I talked to her. But she looked at me and cried harder and harder. I turned on the radio. She stopped crying and listened to the music. After a few minutes, she started to cry again. "Listen to me," I said. I started to sing. The baby watched and listened, and she didn't cry anymore. Then I made faces and jumped like a monkey. The baby laughed and laughed.

All that afternoon I jumped and sang and did all kinds of things. When Aunt Huang came back, I was so tired.

In the evening, Liu Ming came to see me. I told him the whole story. He laughed. "You're great!" I'm going to tell everyone: "Bring your babies to Ling Feng. He can take good care of your babies."

任务评价

英文文章任务评价标准，见表 1-1-5。英文文章练习记录表，见表 1-1-6。

表 1-1-5　英文文章任务评价标准

任 务 内 容	测试时间（分钟）	合　格		良　好		优　秀	
		录入速度（字/分钟）	准确率（‰）	录入速度（字/分钟）	准确率（‰）	录入速度（字/分钟）	准确率（‰）
句子	10	90	960	130	980	170	998
段落	10	90	960	130	980	170	998
英文文章 1	10	100	960	150	980	200	998

表 1-1-6　英文文章练习记录表

练 习 内 容	练习时间（分钟）	第一次练习		第二次练习		第三次练习	
		录入速度（字/分钟）	准确率（‰）	录入速度（字/分钟）	准确率（‰）	录入速度（字/分钟）	准确率（‰）
句子							
段落							
英文文章 1							
练后反思	找出录入慢和录入出错的原因，思考如何提高录入速度和正确率						

强化训练

同学们已经学会了英文句子及文章的录入方法，下面的练习需要反复多次进行，它将帮助我们达到准确、熟练地进行录入的目标。经过此练习后，相信录入速度和准确率都将有明显提高。

1. 句子练习

You are welcome to our sports club.

I do not think you should do this work by yourself.

This book is not as difficult as I had expected.

He offered to teach us to repair radio sets.

They agreed to discuss the question later.

Wei Hua's pen was broken, so she needed a new one.

In the Northwest, there will be snow in the night.

The snow will be very heavy in some places.

What a big one it is.

Why doesn't he use the lift for the last three floors?

Is it difficult to learn car driving?

Our home town is becoming more and more beautiful.

He is such a kind old man that all the villagers like him.

Can you express the idea in English?

If you have difficulties, you may turn to him for help.

2. 段落练习

It is an important day for Alatook, an Eskimo boy. He eats his breakfast quickly. For the first time, he is going to hunt seals alone. Alatook stepped out of the house. Stars still fill the sky. There is nothing but sky and snow.

Before the sun comes up, Alatook reaches the area where he is going to hunt. He walks along the seashore looking for seals. As he walks over the ice and snow, Alatook keeps looking from side to side. Suddenly he stops. He sees something dark far out on the ice. Can it be a seal? He moves on quietly. As he comes nearer, Alatook can see better. It is a seal.

Alatook keeps moving nearer. Then he raises his gun to his shoulder, takes careful aim, and pulls the trigger. The seal's head falls forward onto the ice. Alatook gets to his feet and runs to the seal. What a big one it is. The seal will provide meat for many meals, and it will provide skin and oil as well.

3. 英文文章练习

（1）英文文章 1

Working on a farm

It's a fine day today, and everyone is busy. They are working hard on the farm. The children are picking apples. Look! There's Meimei! She's very strong. She's lifting that ladder. Now she's holding it for Jim. Jim is climbing up the ladder. He's picking the apples on that tree. He's putting them in a basket. Some of the apples are hard to reach. They are too high. Be careful, Jim! It's dangerous. Oh, good! He's coming down the ladder now.

"You don't have many apples, Jim," says Li Lei. "I have more than you."

"Do I have fewer apples than you? Let me see!" says Jim.

Jim looks at Li Lei's apples. "Oh!" he says. "Yes, you have more than me. But mine are better than yours. Look! Yours are green and quite small. Mine are red, and they're much bigger!"

（2）英文文章 2

Mid-Autumn Day

Everyone in China likes Mid-Autumn Day. It usually comes in September or October. On that day everyone eats mooncakes. A mooncake is a delicious, round cake. There are many different kinds of mooncakes. Some have nuts in them, and some have meat or eggs. My friend Li Lei likes mooncakes with meat. But I think the ones with nuts in them are nicer. Han Meimei says the nicest cakes come from Guangdong.

At night families often stay in the open air near their houses. They look at the moon and eat the cakes.

（3）英文文章 3

The Story of Money

A long time ago, before there were any coins or paper money, people got the things they needed by trading or exchanging. Salt was one of the first items used as a value to exchange for other items. Later, other things were used for exchange, such as tea leaves, shells, feathers, animal teeth, tobacco, and blankets.

The world's first metal money was developed by people in the Middle East around 1000 B.C. In about 700 B.C., people started using coins as official money. About 60 years later, around 640 B.C., people in Turkey made special coins of gold and silver.

The first paper money was invented around A.D. 1000 by the Chinese. The Europeans discovered this thanks to Marco Polo, who went to China in A.D. 1295. Afterward, because of inflation, the Chinese stopped using paper money for a few hundred years. And it wasn't until the early years of the 20th Century that it was used again as an official currency across the country.

第 2 章

汉字录入训练营

◎ 职业能力目标

1）熟练掌握汉字录入的相关知识。

2）掌握汉字标点符号的录入方法。

3）熟练掌握中文文章的录入方法。

4）通过五笔字型的知识讲解，培养学生守正创新的科学精神。

在日常的录入工作中，绝大部分是中文的录入，所以汉字的录入是文字录入工作的重中之重。五笔字型的汉字输入法因其重码少、容易理解，深受广大用户的欢迎。本章通过实用的任务设置，以五笔字型输入法为例，详细介绍汉字录入的方法。通过本章的学习，同学们可以快速、扎实地掌握汉字键盘录入的技法。

任务1 ▶ 完成汉字单字的五笔录入练习

对初学者来说，五笔字型输入法需要熟记字根，牢记汉字分解为字根的拆分原则，熟悉汉字单字输入的编码规则以及突破末笔画字型交叉识别码的难点，因此学习起来比较枯燥。但熟悉了一定的规律和方法后，就可以快速、轻松地掌握此输入法。

➡ 任务情境

吉永春的英文录入取得了很好的成绩，现在他向汉字录入发起了进攻。由于他家乡的口音太重，许多汉字发音不准，因此，他打算学习"重码少、会写就会打"的五笔字型输入法。

➡ 任务分析

1. 工作思路

五笔字型输入法学习的关键首先在于记住每个字根的位置，字根的分布是有一定规律的，可以借助字根表、字根总图和助记词来记忆。在熟记字根的基础上，牢记汉字分解为字根的拆分原则，并在练习的过程中熟悉汉字单字输入的编码规则以及末笔画字型交叉识别码，并可通过简码输入来提高单字录入的速度。

2. 注意事项

1）要有充分的思想准备，克服畏难情绪，有策略地记忆字根，才能熟练掌握汉字录入方法。

2）严格按照标准指法击键，做到手指各司其职。

3）坚持键盘盲打，决不看打。

知识储备

1. 五笔字型概述

五笔字型从1983年诞生以来，先后推出了4个软件版本，拥有相当广泛的用户群体。这种方法用130个字根组字（或词），重码少，基本不用选字；字词兼容，字词之间不需要换挡；字根优选，键盘布局经过精心设计，反复实践修改，有较强的规律性。经过指法训练，每分钟可输入120～160个汉字。

2. 汉字字型结构分析

（1）汉字的5种笔画

汉字字型
结构分析

字根是由若干笔画交叉连接而形成的，在五笔字型输入法中，汉字的笔画分为横、竖、撇、捺、折5种。

（2）汉字的130个基本字根

由笔画交叉连接而形成的相对不变的结构在五笔字型输入法中称为字根。五笔字型输入法优选了130个基本字根。这130个基本字根又按起笔的笔画分为5类，每类内又分5组，共计25组。五笔字型输入法中，每组占一个英文字母键位，同一起笔的一类字根安排在键盘相连的区域。所以把基本字根分为5个区，每个区又分为5个位。五笔字型键盘字根图及字根助记词请参考相关资料。

（3）字根间的结构关系

基本字根可以拼合组成所有汉字。在组成汉字时，字根间的位置关系可以分为4种类型：单、散、连、交。

1）单。本身就单独构成汉字的字根。在130个基本字根中，这类字根占很大比重，有八九十个，如木。

2）散。构成汉字不止一个字根，且字根之间保持一定距离，不相连也不相交，如汉、笔。

3）连。五笔字型中字根间的相连关系特指以下两种情况：

①单笔画与基本字根相连，如产、且、尺、自。

②带点结构，认为相连，如勺、术、太、主、义、斗、头。

在五笔字型中把上述两种情况一律视为相连。

单笔画与基本字根间有明显间距者不认为相连，如个、少、么、旦、幻、孔、乞、鱼、札、轧。

4）交。两个或多个字根交叉套叠构成的汉字，如农、里、必。

（4）汉字分解为字根的拆分原则

汉字分解为字根的拆分口诀如下：

单勿须拆　散拆简单　难在交连　笔画勿断

能散不连　兼顾直观　能连不交　取大优先

1）单的情况。汉字本身就是一个基本字根，因而不需要再拆分，这类字的五笔字型编码有单独规定。

2）散的情况。由于字根之间疏离分立，因此容易拆分。这种情况也不赘述。

3）拆分问题集中于要解决连、交及混合型的情况。具体拆分中要注意掌握拆分口诀给出的 4 个要点。

① 能散不连：能按散结构拆分的汉字，就不按连结构拆分。例如：

天：一大（正）二人（误）

② 兼顾直观：拆分时要注意照顾到汉字结构的直观性。例如：

卤：卜口乂（正）上乂凵（误）

③ 能连不交：当一个字既可拆成"相连"的几个部分，也可拆成"相交"的几个部分时，"相连"的拆法正确。例如：

于：一十（正）二丨（误）

④ 取大优先：取大优先也称为能大不小。在可能拆分的几种情况中，以拆分出字根数量少的方式优先。要字根数少，字根需尽可能大。尽可能大，指通过再加一笔不能构成已知字根来判断。例如：

果：日木（正）　旦小（误）　　（旦　非基本字根）

（5）汉字的 3 种字型结构

有些汉字，它们的所含字根相同，但字根之间关系不同。例如以下两组汉字：

（1）叭　只　　（2）旭　旮

为了区分这些字，使含相同字根的字不重码，还需要用字型信息。所谓字型即汉字各部分间的位置关系类型。五笔字型输入法根据组成汉字字根的位置关系，把汉字字型划分为 3 类。汉字的 3 种字型结构见表 1-2-1。

表 1-2-1　汉字的 3 种字型结构

字型代号	字　　型	字　　　例	说　　　　　明
1	左右型	汉　湘　结　到	字根从左到右排列
2	上下型	字　室　花　型	字根从上到下排列
3	杂合型	困　凶　这　司　乘	各字根间存在相连、相关、包围与被包围的关系

3. 五笔字型单字输入编码规则

（1）编码歌诀

单字的五笔字型输入编码有如下歌诀：

五笔字型均直观，依照笔顺把码编；
键名汉字打四下，基本字根请照搬；
一二三末取四码，顺序拆分大优先；
不足四码要注意，交叉识别补后边。

五笔键内字

（2）键名汉字的编码

五笔字型输入法中，有 25 个键名汉字，即王、土、大、木、工；目、日、口、田、山；禾、白、月、人、金；言、立、水、火、之；已、子、女、又、纟。这 25 个字每字占一键，它们的编码是把所在键的字母连写4次，输入它们时需连击所在键4下。例如：

　　王：G G G G　　火：O O O O

（3）成字字根汉字的编码

在130个基本字根中，除25个键名字根外，还有几十个基本字根本身也是汉字，它们被称为成字字根。键名和成字字根合称为键面字。成字字根的编码公式：键名码＋首笔码＋次笔码＋末笔码。如果该字根不足三笔画，则以一个空格键结束。例如：

　　五：G G H G　　雨：F G H Y　　丁：S G H

（4）键外字的编码

键面字以外的汉字都是键外字，取字根时应按正常书写顺序，先左后右，先上后下，先外后内。含4个或4个以上字根的汉字，取其第一、二、三、末4个字根码组成键外字的输入码。不足4个字根的键外字需补一个字型识别码。加识别码后仍不足四码时，击空格键补足。例如：

五笔键外字

　　续：X F N D　　容：P W W K

1）字根码。每个字根都分派在一个字母键上，其所在键上的英文字母就是该字根的字根码。

2）末笔画、字型交叉识别码。一个键外字，其字根不足4个时，依次击入字根码后，最后补一个识别码。识别码由末笔画的类型编号和字型编号组成。具体地说，识别码为两位数字，第一位（十位）是末笔画类型编号（横1、竖2、撇3、捺4、折5），第二位（个位）是字型代码（左右型1、上下型2、杂合型3）。把识别码看作一个键的区位码，这就会得到交叉识别（字母）码。末笔画、字型交叉识别码表见表1-2-2。

末笔画字型交叉识别码

表1-2-2　末笔画、字型交叉识别码表

末　笔　画	字　　型		
	左右型1	上下型2	杂合型3
横1	11G	12F	13D
竖2	21H	22J	23K
撇3	31T	32R	33E
捺4	41Y	42U	43I
折5	51N	52B	53V

末笔画、字型交叉识别码实例见表1-2-3。

表1-2-3　末笔画、字型交叉识别码实例

字	字　　根	字　根　码	末　笔　代　号	字　　型	识　别　码	编　　码
苗	艹田	AL	一1	2	12F	ALF
析	木斤	SR	｜2	1	21H	SRH
未	二小	FI	丶4	3	43I	FII

（5）简码输入

简码输入法的设计是为了简化输入，减少码长。简码分一、二、三级，分别只需击一、二、三个字母键再击一次空格键来输入简码汉字。

五笔简码输入

4. 重码、容错码和学习键

（1）重码

五笔字型中对重码字使用屏幕编号显示的办法，让用户按最上排数字键选择所用的汉字。为了提高速度，又做以下处理：

1）当屏幕编号显示重码字时，按字的使用频度安排，高频字在 1 号位。当高频字排在 1 号位时，还响铃报警。此时，只要继续输入下面一个字，1 号字就会自动跳到屏幕光标处（可减少一次数字键选择操作）。

2）对于国标一级汉字中的重码字，把常用的字仍按常规编码，对较不常用的字把末码改为 L，作为一个容错码，使一级汉字中的重码字，大多可以实现无重码输入。

（2）容错码

容错码的"容"有两个含义：一是"容易"编错的"容"；另一个是"容许"编错的"容"。在实际编码中常会出现种种差错，许多差错带有普遍的易发性。容错码的设计是一种"因势利导"的办法，即承认那些容易写错的码产生的合理性，把它们作为一类正常的可用码保留，使那些和规则不完全相符的（有错误的）码也可以正常使用。

1）拆分容错。例如，动：二厶 力 （对） 一 力（容错）
2）字型容错。例如，右：ナ口 12 （对） ナ口 13（容错）
3）末笔容错。例如，"化"字末笔可取折，也可取为撇。
4）笔顺容错。例如，"长"字可按 3 种笔顺输入。

（3）学习键

<Z> 键在编码中没有派上用场，它被安排了一个重要的角色——万能键，即它可以代替未知的或模糊的字根，也可以代替未知的或模糊的识别码。例如，要输入"右"字，又不清楚其字型，可依次击 <D><G><Z> 键，它会把第三码为各种可能的字都显示出来，供用户选择，所以 <Z> 键又叫学习键。

使用 <Z> 键时，自然会增加重码，增加重码就会增加选择时间。当连击 4 次 <Z> 键时，全部一、二级汉字都将作为重码字显示待选。但它为用户提供了一种手段，使用户对字根、识别码及笔顺模糊时也有办法输入汉字。

📌 技能点拨

1. 学习汉字输入法应注意的问题

1）要有充分的思想准备，做好较长时间辛苦练习的准备，不要轻信某些编码方案宣传。如某种编码方案宣传说，它的编码几分钟就可以学会，练习一天就能熟练掌握汉字输入法。实际上这是不切实际的，因为即使是用 26 个字母键输入英文，要达到准确、快速的录入目标，不练习个把月也是绝不可能的。而在整个练习过程中，难免枯燥乏味。所以，不管学习哪种汉字输入法，都要有决心、有毅力，持之以恒。

2）严守规则，决不放任。使用键盘输入汉字，要想输入得快速、准确，就必须做到各手指严格分工，各司其职，这是必须遵守的原则。

3）坚持键盘盲打，决不看打。使用键盘输入文字（包括输入汉字和英文等），如果看着键盘击键，则不可能达到快速、准确地录入目标。因此，如果决心学好汉字输入法，那么从开始学习的第一天起，就要下决心做到只要击键，就决不看键盘。

2. 汉字单字录入练习要点

（1）键名汉字

1）要点。键名汉字的编码规则：连击 4 下键名汉字所在的键。键名汉字键位如图 1-2-1 所示。

图 1-2-1　键名汉字键位

2）练习。

王 土 大 木 工 目 日 口 田 山 禾 白 月 人 金 言 立 水 火 之 已 子 女 又 纟
王 土 大 木 工 目 日 口 田 山 禾 白 月 人 金 言 立 水 火 之 已 子 女 又 纟
王 土 大 木 工 目 日 口 田 山 禾 白 月 人 金 言 立 水 火 之 已 子 女 又 纟

（2）成字字根汉字

1）要点。成字字根汉字的编码规则：键名码＋首笔码＋次笔码＋末笔码。

2）练习。

一 五 戋 士 二 干 十 寸 雨 犬 三 古 石 厂 丁 西 戈 弋 廿 七 卜 上
止 早 虫 川 甲 车 四 皿 力 由 贝 几 竹 手 斤 乃 用 八 儿 夕 文 方
广 辛 六 门 小 米 巳 己 尸 心 羽 乙 耳 了 也 刀 九 臼 巴 马 弓 匕

（3）一级简码（高频字）

1）要点。五笔字型输入法按键盘中 25 个字母键位上使用的字根形态特征，安排了 25 个一级简码，一级简码（高频字）键位如图 1-2-2 所示。它们是最为常用的高频字，输入时只需要输入一个字根和一个空格。这类汉字在常用应用文中的出现频率非常高，要重点练习。

图 1-2-2　一级简码（高频字）键位

2）练习。

一 地 在 要 工 上 是 中 国 同 和 的 有 人 我 主 产 不 为 这 民 了 发 以 经
一 地 在 要 工 上 是 中 国 同 和 的 有 人 我 主 产 不 为 这 民 了 发 以 经
一 地 在 要 工 上 是 中 国 同 和 的 有 人 我 主 产 不 为 这 民 了 发 以 经

（4）二级简码

1）要点。五笔字型中定义了约 600 个二级简码汉字，输入时只取其全码中的第一、二个字根码。这类汉字在常用应用文中的出现频率很高，记住这些二级简码对加快录入速度很有益处。二级简码编码与汉字见表1-2-4。

表1-2-4　二级简码编码与汉字

第二码＼第一码	G	F	D	S	A	H	J	K	L	M	T	R	E	W	Q	Y	U	I	O	P	N	B	V	C	X
G	五	于	天	末	开	下	理	事	画	现	玫	珠	表	珍	列	玉	平	不	来		与	屯	妻	到	互
F	二	寺	城	霜	载	直	进	吉	协	南	才	垢	圾	夫	无	坟	增	示	赤	过	志	地	雪	支	
D	三	夺	大	厅	左	丰	百	右	历	面	帮	原	胡	春	克	太	磁	砂	灰	达	成	顾	肆	友	龙
S	本	村	枯	林	械	相	查	可	楞	机	格	析	极	检	构	术	样	档	杰	棕	杨	李	要	权	楷
A	七	革	基	苛		牙	划	或	功	攻	匠	菜	共	区	芳	燕	东			芝	世	节	切	芭	药
H	睛	睦	眭	盯	虎	止	旧	占	卤	贞	睡	睥	肯	具	餐	眩	瞳	步	眯	瞎	卢		眼	皮	此
J	量	时	晨	果	虹	早	昌	蝇	曙	遇	昨	蝗	明	蛤	晚	景	暗	晃	显	晕	电	最	归	紧	昆
K	呈	叶	顺	呆	呀	中	虽	吕	另	员	呼	听	吸	只	史	嘛	啼	吵	噗	喧	叫	啊	哪	吧	哟
L	车	轩	因	困	轼	四	辊	加	男	轴	力	斩	胃	办	罗	罚	较		辚	边	思	团	轨	轻	累
M	同	财	央	朵	曲	由	则		崭	册	几	贩	骨	内	风	凡	赠	峭	赅	迪	岂	邮		凤	巍
T	生	行	知	条	长	处	得	各	务	向	笔	物	秀	答	称	入	科	秒	秋	管	秘	季	委	么	第
R	后	持	拓	打	找	年	提	扣	押	抽	手	折	扔	失	换	扩	拉	朱	搂	近	所	报	扫	反	批
E	且	肝	须	采	肛	胀	胆	肿	肋	肌	用	遥	朋	脸	胸	及	胶	膛	膦	爱	甩	服	妥	肥	脂
W	全	会	估	休	代	个	介	保	佃	仙	作	伯	仍	从	你	信	们	偿	伙		亿	他	分	公	化
Q	钱	针	然	钉	氏	外	旬	名	甸	负	儿	铁	角	欠	多	久	匀	乐	炙	锭	包	凶	争	色	
Y	主	计	庆	订	度	让	刘	训	为	主	放	诉	衣	认	义	方	说	就	变	这	记	离	良	充	率
U	闰	半	关	亲	并	站	间	部	曾	商	产	瓣	前	闪	交	六	立	冰	普	帝	决	闻	妆	冯	北
I	汪	法	尖	洒	江	小	浊	澡	渐	没	少	泊	肖	兴	光	注	洋	水	淡	学	沁	池	当	汉	涨
O	业	灶	类	灯	煤	粘	烛	炽	烟	灿	烽	煌	粗	粉	炮	米	料	炒	炎	迷	断	籽	娄	烃	糯
P	定	守	害	宁	宽	寂	审	宫	军	宙	客	宾	家	空	宛	社	实	宵	灾	之	官	字	安		它
N	怀	导	居		民	收	慢	避	惭	届	必	怕		愉	懈	心	习	悄	屡	忧	忆	敢	恨	怪	尼
B	卫	际	承	阿	陈	耻	阳	职	阵	出	降	孤	阴	队	隐	防	联	孙	耿	辽	也	子	限	取	陛
V	姨	寻	姑	杂	毁	叟	旭	如		舅	妞	九		奶		婚	妨	嫌	录	灵	巡	刀	好	妇	姆
C	骊	对	参	骠	戏		骒	台	劝	观	矣	牟	能	难	允	驻	骈				驼	马	邓	艰	双
X	线	结	顷		红	引	旨	强	细	纲	张	绵	级	给	约	纺	弱	纱	继	综	纪	弛	绿	经	比

2）练习。

无 比 心 五 立 半 天 时 水 平 全 部 顾 客 相 信 志 机 械 原 理 可 行 从 此 进 步
长 示 思 观 间 提 高 打 字 分 析 六 力 争 际 变 达 到 行 业 列 加 强 说 及 格 困
成 昨 晚 旧 事 后 检 查 伯 乐 注 册 认 可 二 表 明 你 们 过 关 就 如 实 报 答 社

（5）三级简码

1）要点。三级简码字较多，输入三级简码字也需击4个键（含一个空格键），前三码与全码的前三码相同，但用空格代替了末字根或识别码，因此可大大提高录入速度。对三级简码的学习，以多拆字多练习为主，不必死记硬背，可适当记忆。

2）练习。

需 更 新 母 师 讲 政 策 规 房 省 县 纸 宝 政 治 某 些 想 简 略 调 质 芬 购 真 差
种 件 黄 尽 洁 按 倍 材 精 坚 星 许 花 完 形 胜 周 洪 荣 苏 任 号 移 栏 消 府 课
书 写 究 绩 组 宜 解 任 何 况 均 求 减 低 清 货 着 合 话 却 英 语 起 初 括

（6）四级全码

1）要点。四级全码及难字在日常所接触到的文章中所占比例极小，可适当减少练习的时间。

2）练习。

领 感 该 资 靠 速 萍 孩 留 街 键 辉 播 拿 使 期 镇 敏 被 题 够 制
影 含 您 勤 娱 都 两 额 该 歌 冠 型 念 道 甚 造 词 整 啥 览 救 热
照 致 篇 献 选 鉴 零 建 常 港 贵 觉 命 霞 签 穿 耀 嘉 教 势

（7）混合单字

1）要点。混合单字录入训练要注意汉字单字的输入规则，注意区分键名汉字、成字字根与键外字的拆分。另外，是简码字的尽量使用简码输入，以提高录入速度。

2）练习。

薄 惠 荐 丝 堵 车 四 皿 裁 延 举 索 乎 已 又 止 傅 舍 稍 醉 力 由 手 斤 寿 振 修 俱 揭
乃 授 促 伤 赚 抢 叙 谷 摘 幅 帽 抄 像 王 土 大 蝗 明 蛤 棉 塘 逢 择 盈 木 早 贝 牵 捷
几 竹 用 八 儿 夕 卢 眼 皮 此 量 时 目 日 口 晨 果 虹 早 昌 蝇 曙 遇 昨 晚 景 暗 晃 最

任务评价

汉字单字任务评价标准，见表1-2-5。汉字单字练习记录表，见表1-2-6。

表1-2-5 汉字单字任务评价标准

任务内容	测试时间（分钟）	合格		良好		优秀	
		录入速度（字/分钟）	准确率（‰）	录入速度（字/分钟）	准确率（‰）	录入速度（字/分钟）	准确率（‰）
键名汉字	10	30	960	40	980	50	998
成字字根汉字	10	10	960	20	980	30	998
一级简码	10	60	960	90	980	120	998
二级简码	10	30	960	50	980	70	998
三级简码	10	20	960	35	980	50	998
四级全码	10	10	960	20	980	30	998
混合单字	10	30	960	45	980	60	998

表1-2-6 汉字单字练习记录表

练习内容	练习时间（分钟）	第一次练习		第二次练习		第三次练习	
		录入速度（字/分钟）	准确率（‰）	录入速度（字/分钟）	准确率（‰）	录入速度（字/分钟）	准确率（‰）
键名汉字							
成字字根汉字							
一级简码							
二级简码							
三级简码							
四级全码							
混合单字							
练后反思	找出录入慢和录入出错的原因，思考如何提高录入速度和正确率						

强化训练

1. 键名汉字练习

禾王土木工目日月人金王王土大木工目日口田山禾白月人金言立水火之已子女又
乡土火工目大木工禾白月金又王子目日口田山禾白月人金言立水火之王之已土大
已子女又金又王土水子女大口言立水田山禾白月人田山白木金言土乡水火工木
目立水子女火子女又之田山禾白月人金言立水火木工田山禾白女火之金之已子
女又乡言立水口田山禾乡大木工目日山禾白口田山白木王子女又乡白女言立水火

2. 成字字根汉字练习

干十寸止三古石厂丁西戈由贝弋一五戋士二干巴几竹手斤乃用八儿夕文方广辛六
门小米巳已尸心己尸力由心羽乙耳了也刀九臼巴马弓匕廿七卜上止早虫川甲车四
虫车四皿贝一五戋士二干十寸雨犬三古石厂丁西戈弋雨犬七卜上早川甲止早虫川
甲车四皿力由贝几竹手斤乃用八儿夕文方广辛六门小米力羽乙耳了也刀巴马弓己
尸心羽乙耳了也刀九臼巴马弓匕几竹手斤乃用八儿夕文方广辛六门皿十寸雨犬

3. 一级简码（高频字）练习

人中的民工上是同在经一地在要工上是同中国和的有人我主产不为这民了发以经
一地在要工上是同中上是同我要国和的有人我主产中的人我主产中有人有人中要
国和不国和要国的有以不为为这民了发以经一地在要工上是同我要工主产不为这
民要有人我了发以经一地在要工上一地在要工是同有人的民了发以产中国和的有
人我主产不为这民了发国和工主产不以不为这国和和的中经一地在要工上是同

4. 二级简码练习

五于天末开下理事画现玫珠表珍列玉平不来与屯妻到互二寺城霜载
直进吉协南才垢圾夫无坎增示赤过志地雪支三夺大厅左丰百右历面
糯定守害宁宽寂审宫军宙客宾家空宛社实宵灾之官字安它怀导居民
收慢避惭届必怕愉懈心习悄屡忱忆敢恨怪尼卫际承阿陈耻阳职阵出
嫌录灵巡刀好妇妈姆骅对参骙戏骤台劝观矣牟能难允驻骈驼马邓艰
双线结顷红引旨强细纲张绵级给约纺弱纱继综纪弛绿经比

5. 三级简码练习

英考群讲任语试众述何起差劳政情初错动策况总但非规均需还属范
求更准体政减新许育治低母再运容清语填动易货老技环某师校境些
讲即越性课将差质情根更真书据需想写惯接简其例受略讲点考调球
验解着通洪益合助荣除话种苏忠却件任贤很黄号彬至尽房奔次清省
森华洁县勇否按纸菊者倍宝徐专材温意叁精消阶妹府坚做星究娟娴
绩许数象花组郑若完宜波移芬形局永胜购栏括效周首每既院屏爷爸

6. 四级全码练习

使期镇敏被题够制影含您勤娱都两额该型念道整啥篇献留资靠速甚造街照选鉴零播

拿 建 领 感 该 词 萍 孩 键 辉 常 港 贵 觉 命 霞 签 穿 耀 歌 冠 嘉 教 势 览 救 热 致 遭 畅 貌 赞 裂 监 愈 烈
览 舒 堂 邻 俺 喻 致 域 围 偷 摸 廉 岭 趋 违 穗 废 宿 冷 甜 卖 励 筹 赏 糖 衡 慧 辈 棠 赛 察 敏 耐 核 挺 恰
聪 抓 斯 欺 探 堤 律 擦 恐 警 挖 趁 翠 岛 龄 督 衷 游 顿 繁 寨 戴 搏 墟 鼓 爬 彭 悲 携 酬 飘 脚 咨 跃 盒 墓
幕 袋 欲 慕 遗 偏 追 嫱 吟 勉 逛 咳 署 敞 燃 辖 默 骗 暮 赌 筒 稽 莹 射 躲 邀 脉 躺 剩 铃

7. 混合单字练习

归 紧 昆 呈 叶 顺 呆 呀 中 虽 吕 另 员 呼 听 吸 文 方 一 地 在 贡 攻 匠 菜 共 区 子 女
芳 燕 东 芝 世 节 禁 梦 拖 伸 鸭 芭 药 捕 佰 错 睡 盯 主 产 民 虎 止 旧 占 卤 贞 睡 睥
肯 具 餐 不 为 这 眩 瞳 步 眯 瞎 只 史 嘛 白 火 之 啼 吵 噗 喧 叫 啊 月 立 水 哪 吧 哟
车 轩 因 困 轼 四 辊 加 男 轴 力 斩 胃 办 罗 罚 较 辚 边 思 团 轨 轻 累 同 财 央 厅 朵
曲 由 则 要 工 田 山 禾 工 上 是 同 也 中国 和 护 逻 的 有 人 我 了 发 以 经 一 五 戈
赤 过 志 地 雪 支 三 夺 丰 百 右 历 面 帮 原 胡 春 克 太 磁 砂 灰 达 成 顾 肆 友 龙 本

五笔词组输入

任务2 完成汉字词组的五笔录入练习

掌握了汉字单字的录入方法，特别是高频字及二级简码的熟练使用后，想必同学们的录入速度已经有了很大程度的提高。如果能够再掌握五笔字型的词组录入方法，那么录入速度将会成倍提高。熟练掌握词组录入方法，有利于同学们早日达到运指如飞的水平。

任务情境

克服了背字根、拆分汉字的枯燥练习障碍后，吉永春对汉字录入方法已经较为熟悉。不过，虽然他掌握了高频字及二级简码的录入方法，录入速度有了很大提高，但他希望能更快一些。有什么好办法呢？

任务分析

1. 工作思路

汉字单字录入熟练后，录入可达到一定的速度，但到达某一速度后，想突破比较困难。汉字词组录入方法可以有效突破这一瓶颈，使录入速度成倍提高。五笔字型的词组录入与单字录入统一，无需切换，而且给出开放式结构，用户可根据需要自行组织词库。练习时，可以从二字词组开始，对常用词组多加练习，并把练习过程中不能构成二字词组的两个字的常用组合记下来，平时多看看，熟记后才能在今后的录入工作中绕过这些障碍。

二字词组在日常录入工作中使用最多，要熟练掌握。二字词组输入较为熟练后，再进行三字词组、四字词组及多字词组的练习。

2. 注意事项

1）词组中有一级简码汉字时，该汉字不能按一级简码来输入，而要按一般汉字的编码方法来输入。

2）词组输入最后不用按空格键结束。要避免前面汉字单字输入习惯的影响。

3）坚持键盘盲打，注意击键节奏。

知识储备

在汉字录入方法中，以词语为单位的录入方法常可达到减少码长、提高速度的目的。在五笔字型输入法中也设计了词语的输入方法，并给出开放式结构，以便于用户根据自己专业需要自行组织词库。五笔字型词语输入还有一个特点，即词语输入和单字输入统一，不加字或词的输入标记，也无须换挡。这是由于词语的编码也是四码。全部四码空间的大小远大于一、二级汉字单字编码（含简码），有大量编码空间空闲。因此，词汇码绝大部分插入空闲区。

1. 二字词组

两个汉字各取全码的前两个字根码，即每字按笔顺取前两个字根为编码。例如：

机器：木 几 口 口 SMKK

汉字：氵 又 宀 子 ICPB

2. 三字词组

前两个汉字各取全码的第一码，最后一字取全码的前两码。例如：

计算机：言 竹 木 几 YTSM

积极性：禾 木 忄 丿 TSNT

3. 四字词组

由每个汉字全码的第一码组成。例如：

知识分子：矢 言 八 子 JYWB

4. 多字词组

超过 4 个字的词组，取前 3 个字各全码的第一个以及最末一个汉字的首码，即多字词组的编码由一、二、三和末 4 个汉字全码的第一码构成。例如：

电子计算机：日 子 言 木 JBYS

中央电视台：口 冂 日 厶 KMJC

技能点拨

练习时，可以从二字词组开始，对常用词组多加练习，这样可以有效地提高录入速度。注意：词组输入后不用按空格键结束；词组中有一级简码汉字时，该汉字不能按一级简码来输入，需按全码来输入。

1. 二字词组

1）要点。二字词组在普通文章中出现的比例很大，熟练掌握二字词组录入方法能大幅提高录入速度。录入二字词组时，每字按笔顺取前两个字根为编码。

2）练习。

爱护	宝贵	潮流	地球	恶劣	翻译	歌唱	合理	机构	渴望
理解	敏感	脑筋	偶尔	屏障	洽谈	热诚	稍微	通信	完成
稀薄	卫星	图表	特点	手续	识别	日常	清除	脾气	宁愿

2. 三字词组

1）要点。录入常用文章时，三字词组出现的机会不多，可适当减少练习的时间，但对于在录入速度上有较高追求的同学可自行多加练习。录入三字词组时，前两个汉字各取全码的第一码，最后一字取全码的前两码。

2）练习。

奥运会	编辑部	出版社	大使馆	电风扇	二进制	纺织品
福建省	公安部	杭州市	积极性	看起来	科学院	联合国
微型机	系列化	现代化	体育馆	装饰品	研究室	建筑物

3. 四字词组

1）要点。录入常用文章时，四字词组出现的机会不太多，而且通常可把四字词组拆成两个二字词组进行录入，所以可适当减少练习的时间。录入四字词组时，其编码由每个汉字全码的第一码组成。

2）练习。

百货公司	程序逻辑	大有可为	调查研究	奋不顾身	工人阶级
贯彻执行	合法权益	环境污染	家喻户晓	紧急措施	聚精会神
物质文明	信息反馈	应用技术	职业道德	专业知识	组织纪律

4. 多字词组

1）要点。录入常用文章时，多字词组出现的机会不多，而且通常可把多字词组拆成多个词组进行录入，所以可适当减少练习的时间。录入多字词组时，其编码由一、二、三和末4个汉字各取全码的第一码构成。

2）练习。

常务委员会	工业和信息化部	发展中国家
合理化建议	据不完全统计	全国人民代表大会

5. 混合词组

1）要点。混合词组录入练习的关键是熟记不同长度的词组录入规则，并灵活运用。这对后续的文章录入练习有很大帮助。

2）练习。

理解	敏感	脑筋	偶尔	屏障	洽谈	热诚	稍微	通信	完成
微型机	系列化	现代化	体育馆	装饰品	研究室	建筑物			
联系实际	默默无闻	培训中心	轻描淡写	社会实践	体制改革				

➥ 任务评价

词组录入任务评价标准见表 1-2-7。词组录入练习记录表见表 1-2-8。

表 1-2-7　词组录入任务评价标准

任务内容	测试时间（分钟）	合格		良好		优秀	
		录入速度（字/分钟）	准确率（‰）	录入速度（字/分钟）	准确率（‰）	录入速度（字/分钟）	准确率（‰）
二字词组	10	60	960	80	980	100	998
三字词组	10	60	960	90	980	120	998
四字词组	10	70	960	110	980	150	998
多字词组	10	90	960	140	980	190	998
混合词组	10	60	960	90	980	120	998

表 1-2-8　词组录入练习记录表

练习内容	练习时间（分钟）	第一次练习		第二次练习		第三次练习	
		录入速度（字/分钟）	准确率（‰）	录入速度（字/分钟）	准确率（‰）	录入速度（字/分钟）	准确率（‰）
二字词组							
三字词组							
四字词组							
多字词组							
混合词组							
练后反思	找出录入慢和录入出错的原因，思考如何提高录入速度和正确率						

➥ 强化训练

录入速度的提高，有赖于同学们的勤奋练习，下面提供一些常用词组供大家练习。

1. 二字词组

暗示	爱情	宝贵	保养	奔赴	崩溃	步骤	操练	测验	沉默
筹建	磋商	待遇	道歉	电影	锻炼	扼要	耳朵	繁华	肥料
辅导	感到	隔绝	公顷	惯例	函授	衡量	缓慢	货车	机灵
屏障	缺席	热烈	荣幸	商榷	社论	慎重	识破	释放	丝毫
所谓	态度	特级	铁路	图画	外界	文学	物质	喜爱	下降
谢谢	幸而	野蛮	诱因	栽培	展望	珍贵	支持	制度	注重

2. 三字词组

按计划	八进制	半成品	本报讯	标准化	编辑部	不能不
参考书	乘务员	常委会	创造性	大幅度	大规模	大无畏
单方面	党中央	电影院	电动机	多功能	三极管	房租费
兼容性	介绍信	近年来	科学院	绝对化	拦路虎	劳动者
理事会	联合体	逻辑性	灵敏度	没关系	目的地	年轻化
难道说	平均数	强有力	生产率	事实上	所有权	展览会

3. 四字词组

安全系数	半途而废	不相上下	长远利益	持之以恒	从容不迫
大显身手	得不偿失	掉以轻心	多种经营	翻天覆地	奋勇当先
干劲十足	高瞻远瞩	各种各样	更新换代	供不应求	光明磊落
聚精会神	开源节流	刻不容缓	理所当然	临界状态	逻辑推理
明辨是非	默默无闻	年富力强	平等互利	千头万绪	勤工俭学
轻描淡写	全神贯注	热火朝天	善始善终	身心健康	生气勃勃

4. 多字词组

国家机关事务管理局	国家民族事务委员会	国务院办公厅
交通运输部规划研究院	军事科学院	马克思列宁主义
民主集中制	生态环境部	文化和旅游部
喜马拉雅山	新疆维吾尔自治区	有志者事竟成
中国国际信托投资公司	中国人民解放军	中国人民政治协商会议
中华人民共和国	中央人民广播电台	自然资源部

5. 混合词组

筹建	磋商	待遇	道歉	电影	锻炼	扼要	耳朵	繁华	肥料
理事会	联合体	逻辑性	灵敏度	没关系	目的地	年轻化			
聚精会神	开源节流	刻不容缓	理所当然	临界状态	逻辑推理				
态度	特级	铁路	图画	外界	文学	物质	喜爱	下降	谢谢
大显身手	得不偿失	掉以轻心	多种经营	翻天覆地	奋勇当先				
国家发展和改革委员会		人力资源和社会保障部							

任务3 ▶ 完成汉字的拼音录入练习

自推行《汉语拼音方案》、推广普通话以来，汉语拼音对于普及国民教育有着至关重要的作用，而在计算机文字录入与编辑中，用拼音输入汉字在日常生活中得到广泛运用。

⇒ 任务情境

吉永春自入学以来通过勤学苦练并积极与同学交流，普通话水平突飞猛进，发音字正腔圆；在学习了五笔录入之后，他对拼音录入产生了浓厚的兴趣。

⇒ 任务分析

1. 工作思路

拼音输入法的学习重点在于熟悉汉字的正确拼读和每个拼音字母在键盘上的分布，在反复练习的过程中熟悉汉字单字、词组的输入方法。通过对常用字和词组的反复练习，提高日常的录入速度。

2．注意事项

1）熟悉拼音的结构，会正确、熟练地拼读汉字。

2）熟悉每个拼音字母在键盘上的位置，使用正确的坐姿，严格按照指法击键，做到手指各司其职，并练习盲打。

3）进行打字日常练习，合理利用打字软件对字、词、句、文章进行练习，熟能生巧，以达到提升打字速度的目的。

知识储备

1．拼音输入法概述

拼音输入法是利用汉字的读音（汉语拼音）进行输入的中文输入法。在汉字录入的应用中，拼音输入法虽然重码率较高，但它仍深得大多数人的喜爱。

本任务介绍搜狗拼音输入法的使用方法和技巧。搜狗拼音输入法能实现输入法和互联网相结合，词库广、首选词准确，不仅支持汉字全拼输入，也支持声母或拼音首字母的简拼输入，同时支持简拼全拼的混合输入。它的使用范围大，受欢迎程度高，是国内主流的汉字输入法之一。

2．汉语拼音与声调

1）声母、韵母和整体认读音节，见表 1-2-9。

表 1-2-9 声母、韵母和整体认读音节

声　母	b p m f d t n l g k h j q x zh ch sh r z c s y w
单 韵 母	a o e i u ü
复 韵 母	ai ei ui ao ou iu ie üe
特殊元音韵母	er
鼻 韵 母	an en in un ün ang eng ing ong
整体认读音节	zhi chi shi ri zi ci si yi wu yu ye yue yuan yin yun ying

2）声调符号，见表 1-2-10。

表 1-2-10 声调符号

说　　明	阴平 （第一声）	阳平 （第二声）	上声 （第三声）	去声 （第四声）	轻声
符　　号	—	/	∨	\	
举　　例	妈 mā	麻 má	马 mǎ	骂 mà	吗 ma
备　　注	声调符号标在章节的主要母音上，轻声不标				

3．拼音输入方式

（1）全拼输入方式

全拼输入是拼音输入法中最基本的输入方式。按 <Ctrl+Shift> 键切换到搜狗拼音输入法，在输入框中输入汉字的所有拼音字母，如果要输入词组，则要输入词组中每个字的全拼，从弹出的候选框中选择需要的字或词，可以使用翻页键（逗号 `,` 或句号 `.` ）来翻页，或者使用加号 `=+` 或减号 `-` 来翻页。

例如，输入"南"字，全拼输入"nan"，如图1-2-3。输入"南方"，全拼输入"nanfang"，如图1-2-4所示。

图1-2-3　全拼输入单字

图1-2-4　全拼输入二字词组

注：a，o，e开头的音节连接在其他音节后面时，须用隔音符号（'）将音节隔开，否则音节的界限发生混淆，会使系统误解，见表1-2-11。

表1-2-11　需要用隔音符号的全拼输入方式

汉　字	正　确	错　误	解　析
皮袄	pi'ao	piao	全拼piao不正确，它是"票""漂"等字的全拼
方案	fang'an	fangan	全拼fangan不正确，它是"反感"的全拼

（2）简拼输入方式

简拼是用声母和拼音首字母输入的一种方式，要先输入该字的声母或首字母，再从候选框中选字；如果是词组，则要输入词组中各字的声母或首字母。有效地利用简拼，可以提高输入效率。

例如，输入"好"，简拼输入"h"，如图1-2-5所示；输入"中国"二字，简拼输入"zg"，如图1-2-6所示。

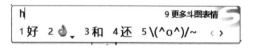

图1-2-5　简拼输入单字

图1-2-6　简拼输入二字词组

输入"打电话"三字，简拼输入"ddh"，如图1-2-7所示。输入"东张西望"四个字，简拼输入"dzxw"，如图1-2-8所示。

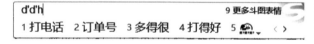

图1-2-7　简拼输入三字词组

图1-2-8　简拼输入四字词组

注：在简拼输入时，使用隔音符号（'）辨析音节，见表1-2-12。

表1-2-12　需要使用隔音符号的简拼输入方式

汉　字	全　拼	简　拼	解　析
昏暗	hunan	h'a	简拼ha不正确，它是"哈""蛤"等字的全拼
妨碍	fangai	f'a	简拼fa不正确，它是"发""罚"等字的全拼

（3）全拼简拼混合输入方式

全拼简拼混合方式是在输入词组时，部分汉字使用全拼，部分汉字使用简拼的混合输入方式。混合输入方式可以减少候选结果。

例如，输入"发动机"三字，可输入"fadongj""fdongj""fdji"等，如图1-2-9所示。

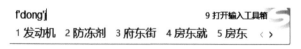

图1-2-9　全拼简拼混合输入

注：在全拼简拼混合输入方式中，隔音符号不能少，见表1-2-13。

表 1-2-13　需要使用隔音符号的全拼简拼混合输入方式

汉　字	全　拼	全 简 混 拼	解　　析
历年	linian	li'n, lnian	混拼为 lin 不正确，它是"林"的拼音
耽搁	dange	dan'g, dge	混拼为 dang 不正确，它是"当"的拼音

➡ 技能点拨

拼音技能提升

1. U 模式笔画输入

U 模式主要用来输入不会读（不知道拼音）的字。在输入"U"后，依次输入笔画的拼音首字母，笔画字母代号为：横 / 提（h）、竖 / 竖钩（s）、撇（p）、捺（n）、折（z）、点（d）就可以得到该字。

例如，输入"桎"字，依次由横（h）、竖（s）、撇（p）、捺（n）、横（h）、折（z）、点（d）构成，如图 1-2-10 所示；输入"图"字，由竖（s）、折（z）、撇（p）、捺（n）、点（d）、折（z）构成。如图 1-2-11 所示。

图 1-2-10　U 模式输入"桎"　　　　　图 1-2-11　U 模式输入"图"

2. 拆分由单字组成的生僻字

对于一些由简单字组成的生僻字，可以输入单个简单字。

例如，"垚"字和"燚"字都是由简单字组成的，输入"tututu"和"huohuohuohuo"，第 5 个选项就是这两个生僻字了。如图 1-2-12 和图 1-2-13 所示。

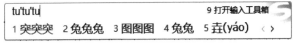

图 1-2-12　拆分单字"土"组成的生僻字"垚"　　　图 1-2-13　拆分单字"火"组成的生僻字"燚"

3. 辅助码的使用

（1）拆字辅助码

利用拆字辅助码可以快速地定位到一个单字，使用方法如下：想输入一个汉字"梏"，先输入"gu"，然后按下 <Tab> 键，再输入"梏"的两部分"木""告"的首字母"mg"，就可以看到只剩下"梏"字出现在第一个了。输入的顺序为"gu"+<Tab>+"mg"。独体字由于不能被拆成两部分，所以独体字没有拆字辅助码。拆字辅助码快速定位单字如图 1-2-14 所示。

（2）笔画筛选

图 1-2-14　拆字辅助码快速定位单字

利用笔画筛选可以快速定位单字，使用方法是输入一个字或多个字后，按下 <Tab> 键，然后用横 / 提（h）、竖 / 竖钩（s）、撇（p）、捺（n）、折（z）、点（d）依次输入字的笔顺，直到找到该字为止。

例如，想输入一个汉字"职"，先输入"zhi"，然后按 <Tab> 键，再输入"职"的前三个笔顺"hss（横竖竖）"，就可以看到"职"字了，如图 1-2-15 所示。

图 1-2-15　笔画筛选快速定位

（3）插入当前日期时间

输入法可以方便地输入当前的系统日期、时间和星期。输入日期的首字母"rq"，时间的首字母"sj"，星期的首字母"xq"后，会显示出当前日期、时间和星期。图 1-2-16 所示为输入日期、图 1-2-17 所示为输入时间、图 1-2-18 所示为输入星期。如果输入了"rq"而没有输出系统日期，打开"菜单"，在"常用设置"中选择"更多设置"，执行"高级"→"自定义短语设置"→"开启输入法自带短语"命令即可。

图 1-2-16　输入日期

图 1-2-17　输入时间

图 1-2-18　输入星期

（4）v 模式

利用 v 模式可以快速输入大写数字，输入"v"之后，可以看到数字、日期、算式和函数的格式，如图 1-2-19 所示。首先输入"v"，然后输入数字，如"v123"，可以看到该数字对应的大写数字出现了，如图 1-2-20 所示。

图 1-2-19　输入"v"后的提示

图 1-2-20　输入"v 数字"

输入"v"，然后输入日期，如"v2022/11/8"，图 1-2-21 所示。输入"v"，然后输入算式，如输入"v2+8"，如图 1-2-22 所示。输入"v"，然后输入函数，如"v2^7"，如图 1-2-23 所示。

图 1-2-21　输入"v 日期"　　　　图 1-2-22　输入"v 算式"　　　　图 1-2-23　输入"v 函数"

4. 语音输入汉字

在搜狗拼音输入法中，选择"语音"，或打开"输入方式"选择"语音输入"，即可使用语音输入汉字。由于输入时所识别的语音为普通话，因此录入人员需要掌握普通话和一定的发音技巧才可以提高语音录入的准确率。

5. 手写输入汉字

在搜狗拼音输入法中，打开"智能输入助手"，选择"手写输入"，或打开"输入方式"选择"手写输入"，即可使用手写输入法输入汉字单字或长句。

6. 技能提升小技巧

1）拼音音节数量有限，却要对应成千上万的汉字，当有同音异形字时，想要快速地在这些汉字中输入自己想要的，就需要掌握输入技巧。输入越多的拼音音节，对应的汉字个数就会越少，重码率越低。当输入完整的拼音时，重码率更低，灵活使用简拼输入和全拼简拼混合输入，可以大大提升输入的效率。

2）a，o，e 开头的音节连接在其他音节后面的时候，使用隔音符号（'）将音节隔开，避免界限混淆。

3）可适当使用拼音输入法中的整句输入、联想输入、模糊音输入、自动补全、专业名词输入等功能。打开"菜单"，选择"更多设置"，调整相关选项。

➡ 任务评价

汉字拼音录入任务评价标准见表 1-2-14。汉字拼音练习记录表见表 1-2-15。

表 1-2-14　汉字拼音录入任务评价标准

任 务 内 容	测试时间（分钟）	合　格		良　好		优　秀	
		录入速度（字/分钟）	准确率（‰）	录入速度（字/分钟）	准确率（‰）	录入速度（字/分钟）	准确率（‰）
单字	10	60	960	80	980	100	998
词组	10	70	960	90	980	120	998

表 1-2-15　汉字拼音练习记录表

练 习 内 容	练习时间（分钟）	第一次练习		第二次练习		第三次练习	
		录入速度（字/分钟）	准确率（‰）	录入速度（字/分钟）	准确率（‰）	录入速度（字/分钟）	准确率（‰）
单字							
词组							
练后反思	找出录入慢和录入出错的原因，思考如何提高录入速度和正确率						

➡ 强化训练

1. 全拼输入方式

爱 八 里 留 个 狗 好 猫 那 呢 能 七 叫 回 大 点 都 读 秒 讲 月 受 吼 子 胡 花 会 换
昏 慌 轰 坏 服 发 费 范 分 方 风 单 南 贪 难 暖 短 年 天 圆 捐 圈 图 家 牙 霞 卡 交
教 咬 巧 阳 江 强 乡 穷 兄 用 永 扒 比 蹭 拆 波 步 币 门 义 之 卫 也 女 飞 贝 内 水
见 午 牛 手 毛 气 升 长 圣 对 台 矛 纠 母 幼 丝 迅 尽 导 异 孙 阵 阳 收 阶 阴 防 奸

如 妇 好 她 露 警 攀 蹲 操 燕 薯 薪 薄 颠 橘 整 融 醒 餐 嘴 慧 撕 撒 趣 趟 撑 播 撞
撤 增 聪 鞋 蕉 蔬 蜻 蜡 蝇 锹 锻 舞 稳 算 笋 管 滩 誉 塞 谨 福 群 殿 辟 障 嫌 嫁 叠
缝 缠 琴 斑 替 款 堪 搭 塔 越 趁 趋 超 提 堤 博 弹 随 蛋 隆 隐 婚 婶 颈 绩 绪 续 骑
绳 维 绵 绸 耕 耗 艳 泰 珠 班 素 蚕 顽 盏 匪 捞 栽 捕 振 载 赶 起 盐 捎 捏 埋 捉 捆
捐 损 绿 奏 春 帮 珍 玻 毒 型 挂 封 持 项 垮 挎 城 挠 政 赴 赵 挡 挺 括 拴 拾 挑 指
垫 挣 挤 拼 挖 按 挥 购 图 钓 制 知 垂 牧 蜘 物 乖 刮 秆 和 季 委 佳 侍 供 使 例 版
侄 侦 侧 凭 侨 佩 货 依 的 迫 质 欣 征 往 爬 彼 径 所 舍 金 命 斧 爸 采 受 乳 贪 念
贫 肤 肺 肢 肿 胀 朋 股 肥 服 胁 周 昏 鱼 兔 狐 忽 狗 备 饰 饱 饲 变 京 享 店 夜 庙
府 底 剂 郊 废 净 盲 放 刻 育 闸 闹 郑 券 卷 单 炒 炊 炕 却 劫 芽 花 芹 芬 苍 芳 严
芦 劳 克 苏 杆 杠 杜 材 村 杏 极 李 杨 求 更 束 豆 两 丽 医 辰 励 否 赚 慎

2. 简拼输入方式

宝宝	计算机	都是	东西	老师	前面	漂亮	朋友	看见	没有
密码	儿子	认识	收到	上午	什么	时间	同学	我们	喜欢
下午	需要	自己	人事	一直	衣服	中午	中国	昨天	星期
小时	帮助	成功	旁边	介绍	姐姐	孩子	旅游	妹妹	机场
第一	房间	非常	跑步	旁边	牛奶	便宜	签字	起床	可能
考试	访谈	温柔	如果	认识	仍然	容易	柔韧	力量	奶奶
两年	提取	哪里	取消	进去	阿姨	恶化	地方	头疼	承认
成人	暂时	打算	深圳	背景	工程	大学	亲戚	以前	天气
区域	细节	需求	咨询	出差	时候	热闹	平衡	毕竟	及时
首先	测试	仔细	防护	恢复	谢谢	开关	赶紧	集体	姐姐
宣传									

不客气	出租车	打电话	对不起	怎么样	打篮球	服务员
办公室	前两天	图书馆	小龙虾	监察部	讲故事	花生油
毛毛雨	没关系	女孩儿	男孩儿	热水瓶	西红柿	小伙子
小米椒	有感觉	一回事	怎么样	自行车	发动机	卫生间
井冈山	夜猫子	红领巾	天安门	黄花菜	静悄悄	一会儿
受不了	自来水	录像机	包心菜	停机坪	加拿大	一大半
说不清	香喷喷	受欢迎	够意思	北京市	慢吞吞	显微镜
教育局	记忆力	放大镜	飘飘然	昆明湖	障碍物	风向标
博物馆	喜洋洋	敲门砖	钻空子	太平洋	黑压压	来不及
太平洋	王府井	胖乎乎	气冲冲	孤零零	河南省	急匆匆
恨不得	难为情	兵马俑	满意度	葡萄干	兴冲冲	红扑扑
摄氏度	白皑皑	糖尿病	催眠曲			

公共汽车	首屈一指	名列前茅	叽叽喳喳	轰轰烈烈	烈日当空
大汗淋漓	万物复苏	千里冰封	交头接耳	面黄肌瘦	心灵手巧
鼠目寸光	鹤立鸡群	叶公好龙	马到成功	亡羊补牢	狗急跳墙
一箭双雕	望子成龙	管中窥豹	蛛丝马迹	九牛一毛	小试牛刀
初生牛犊不怕虎	九牛二虎之力	风马牛不相及	邯郸学步	光明磊落	画蛇添足
心明眼亮	山穷水尽	刻骨铭心	有朝一日	心想事成	一扫而空
风调雨顺	眼花缭乱	处之泰然	喜从天降	鸡皮疙瘩	

3. 全拼简拼混合输入方式

高兴	多少	爸爸	饭店	水果	睡觉	下雨	医生	椅子	再见
学生	唱歌	富态	帅气	短小	整洁	黑色	饶恕	热源	闰月
合身	标志	粗实	强健	干瘪	喜悦	染缸	人烟	日月	荣誉
软弱	来临	理论	轮流	奶牛	能耐	历年	奴隶	能量	接济
进取	酒精	坚决	减轻	界限	惊奇	爱情	安全	欧洲	我们
鹅毛	恩惠	堆放	推脱	罪恶	脆弱	遵守	吞吐	顿时	岁月
村庄	泛滥	擅自	贯穿	电线	酸软	全权	园区	贴切	确切
谢绝	天晴	嫌弃	哲学	车次	社会	迫害	苏醒	菜场	主席
繁华	风华	扫雪	喜庆	写信	心虚	可靠	开窍	故居	汽油
仔细	吃力	辞职	四十	菠萝	迫使	火锅	摩托	国画	诸如
主义	注射								

降落伞	山水画	大别山	男子汉	燕尾服	长生果	穿山甲
亮闪闪	金灿灿	受不了	植树节	说不清	过不去	石灰岩
笑哈哈	宇航员	水汪汪	泼冷水	候车室	托儿所	沉甸甸
后脑勺	一刹那	扭秧歌	煤油灯	五粮液	顶梁柱	九寨沟
火辣辣	笑盈盈	颐和园	一锅端	齐刷刷	卷铺盖	绿茵茵
弓弩手	懒洋洋	下马威				
叮叮当当	欢欢乐乐	唯才是举	学富五车	柳暗花明		

任务 4 ▶ 完成中文文章的录入练习

与英文文章相类似，中文文章中除了汉字外，还增加了各种标点符号。在此任务的练习中，同学们要在文章中快速分离出词组，尽量以词组方式来录入，常用标点符号的录入也要熟练，这样才能提高文章录入的速度。

➡ 任务情境

词组录入方法的熟练使用，让吉永春欣喜不已，他的录入速度突飞猛进。于是，他又向中文文章发起挑战，想看看效果如何。

➡ 任务分析

1. 工作思路

在录入中文文章的时候，文章中是词组的，尽量以词组的方式来录入；不能以词组方式录入的，再以汉字单字的方式来录入。对于常用的标点符号，要熟记它们在键盘上的位置，并能够盲打。对于不能在键盘上直接录入的符号，可使用软键盘来完成。

2. 注意事项

1）练习时要养成良好的录入习惯，是词组的尽量以词组方式来录入。

2）先利用打字软件看着屏幕练习，等录入速度提升后逐步转向看稿录入。

3）看稿录入时，尽量做到用眼睛的余光看屏幕，整个录入过程中基本做到看稿盲打。

知识储备

1. 软键盘的使用

对于常用的标点符号，直接通过键盘录入即可；对于不能在键盘上直接录入的符号，可使用软键盘来录入。在输入法状态栏最右侧的软键盘切换按钮上右击，即可调出各类软键盘，如图 1-2-24 所示。各类软键盘中符号的分布，分别如图 1-2-25 ～图 1-2-37 所示。

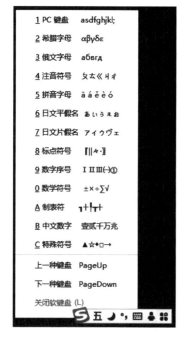

图 1-2-24　软键盘切换

图 1-2-25　PC 键盘软键盘

图 1-2-26　希腊字母软键盘

图 1-2-27　俄文符号软键盘

图 1-2-28 注音符号软键盘

图 1-2-29 拼音字母软键盘

图 1-2-30 日文平假名软键盘

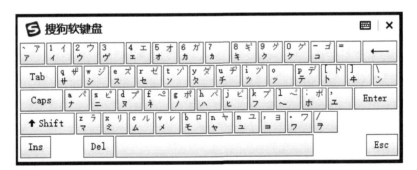

图 1-2-31 日文片假名软键盘

图 1-2-32 标点符号软键盘

图 1-2-33 数字序号软键盘

图 1-2-34 数学符号软键盘

图 1-2-35 制表符软键盘

图 1-2-36 中文数字软键盘

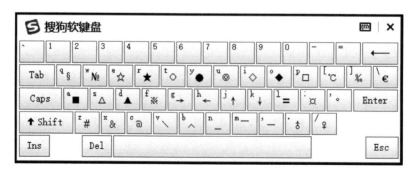

图 1-2-37 特殊符号软键盘

2. 常见差错的预防措施

录入速度和差错率是衡量录入人员工作绩效的主要指标，所以在追求录入速度的同时，要尽力避免出现差错。录入操作是一项较复杂而枯燥的工作，产生差错是难免的，但是录入人员要主动地采取预防措施，把差错率降到最低。通常采取的措施包括以下两个方面：

1）工作态度方面。要端正工作态度，热爱本职工作，对产生的误差要有一个正确的认识，对每个字都要认真负责。录入时精力要充沛，精神要集中，做到目不斜视，耳不旁闻，心不二用，专心致志。遇到"简单"的稿，不松懈大意；在文稿很急、很多或文稿改动较乱的情况下，不要急躁忙乱，要平心静气，有条不紊地工作。

2）看稿方面。第一，看清文稿，领会文意，找准键位，稳击稳打，如遇到看不清、文义不通、有怀疑的字词，必须反复辨认或查询清楚后再录入；第二，利用一切可以利用的时间，把没有把握的字多看几遍；第三，边录入边检查，利用操作的空隙，查校打印件，主要查校自己觉得没有把握的字。

在打印文件时，无论采用什么方式看稿，都必须注意以下几点：

1）看稿速度要和录入速度相适应。若看稿速度慢，录入速度快，眼跟不上手，便会妨碍录入的速度；若看稿速度快，录入速度慢，手跟不上眼，便会发生丢字、丢句、错字等现象。为了使手、眼两者很好地配合，除应学习业务知识提高文化水平外，还须在实际操作中，加强眼、脑、手的协调配合。

2）看稿字数和记字能力相适应。一次看稿字数很多，但不能完全记准，便会产生差错。每次所记字数，由个人记忆能力强弱，文稿是否通顺，以及当时精力是否充沛决定。一般一次看稿字数不要太多，以 4～5 字为宜，适当兼顾词组的完整性；每次看稿的停顿处，还要兼顾到原文的语气，这样可以帮助记忆。平时多阅读报纸杂志，熟悉各领域的名词术语，有助于提高看稿、记字能力，理解能力并增强记忆力。

3）看稿时，既要贯通全文大意，又要认准每一单字的字形、字义。贯通全文大意的目的是为了从内容上来理解原文的意思，帮助辨认单字，避免主观猜测；认准字形、字义的目的是防止因只记字音而产生差错。

🔹 技能点拨

在中文文章的录入过程中，特别要注意"压码"，即眼、脑、手的协调配合。手在录入第一个词时，脑子在拆分第二个词，眼睛要看到第三个词，这样才能保证录入速度。

击键的时间与力度在练习过程中要认真体会，通过反复实践、调整，就能把握住击键的力度和节奏。

看稿录入时，需要打印的稿件放在键盘左边，打字时，眼睛要看原稿，不能看键盘，尽量少看屏幕（即盲打）。否则，交替看键盘和稿件会使人眼疲劳，容易出错，降低打字速度。

1. 输入法切换技巧

1）按 <Ctrl+Shift> 组合键可以快速切换输入法。

2）按 <Ctrl+ 空格 > 组合键，可以在英文输入法与中文输入法之间快速切换。

3）按 <Shift+ 空格 > 组合键，可以在全角◨与半角◪输入状态之间快速切换。

4）按 <Ctrl+ 　> 组合键，可以在中文符号 　 与英文符号 　 之间快速切换。

2. 政治类文章

（1）要点

政治类文章中词组较多，用这类文章进行录入练习，主要是为了让大家熟悉文章中词组的录入方法，善于在文章中划分出长短不一的词组或单字来，并进行正确的录入。

（2）练习

职业道德

良好的职业道德行为是在长期的学习和职业活动中，通过自我磨炼、加强修养而形成的。职业院校的学生可以通过多种途径来培养良好的个人职业行为习惯。例如，在学校严格遵守学生行为规范，严格自律，养成良好的行为习惯；积极参加社会实践，培养自己的职业情感；在实习活动中，用行业职业道德规范要求自己，自觉形成良好的职业行为习惯。良好的职业行为习惯，将对职业院校学生未来的职业生涯产生积极的影响。

3. 文学类文章

（1）要点

文学类文章因表达的需要，各种标点符号较多，用这类文章进行录入练习，主要是为了让大家熟悉各种标点符号的录入方法。

（2）练习

济南的冬天

小山整把济南围了个圈儿，只有北边缺着点口儿。这一圈小山在冬天特别可爱，好像是把济南放在一个小摇篮里，它们安静不动地低声地说："你们放心吧，这儿准保暖和。"真的，济南的人们在冬天是面上含笑的。他们一看那些小山，心中便觉得有了着落，有了依靠。他们由天上看到山上，便不知不觉地想起："明天也许就是春天了吧？这样的温暖，今天夜里山草也许就绿起来了吧？"就是这点幻想不能一时实现，他们也并不着急，因为这样慈善的冬天，干啥还希望别的呢！

4. 新闻类文章

（1）要点

新闻类文章中多夹杂着数字，用这类文章进行录入练习，主要是为了让大家熟悉新闻类的词汇及中文、数字混杂情况的录入。

（2）练习

全力以赴实现如期考试、应考尽考、平安研考
——2023年全国硕士研究生招生考试组考防疫工作答记者问

为深入贯彻落实党中央、国务院决策部署，近日，教育部、国家卫健委、国家疾控局对2023年全国硕士研究生招生考试组考防疫工作进行了专项部署，并就有关问题回答了记者提问。

2023年全国硕士研究生招生考试将于2022年12月24日至26日举行。经教育部、国家卫健委、国家疾控局综合研判，研考为聚集性重大活动，研考考点为特定场所，考试工作人员

和考生核酸检测应检尽检,具体方案由属地自行确定。

各地要将研考组考防疫纳入属地联防联控机制重点工作,统筹研究、统筹部署、统筹推进。各地教育、卫生健康、疾控部门要密切配合、齐抓共管,实现疫情防控和考试组织的有机联动,落实落细组考防疫各项要求,全力以赴实现"如期考试""应考尽考""平安研考"的工作目标。

5. 专业类文章

(1)要点

专业类文章中夹杂着各种符号以及中(英)文字符和数字混合,用这类文章进行录入练习,主要是为了让大家熟悉专业词汇、中(英)文字符、数字及各种符号混杂情况的录入。

(2)练习

鲲鹏台式机主板

华为鲲鹏台式机主板是基于华为鲲鹏 920 处理器开发的办公应用主板,鲲鹏台式机主板内兼容业界主流内存、硬盘、网卡等硬件,支持 Linux 桌面操作系统,提供机箱、散热、供电等参考设计指南,具有高性能、接口丰富、高可靠性、易用性等特点。

鲲鹏台式机主板的极致性能:搭载鲲鹏 920 高性能处理器,主频支持 2.2/2.6/3.0GHz,提供 4C/8C/12C 系列配置;支持双通道内存,支持最高速率 2666MHz,最大支持 64GB。

鲲鹏台式机主板的极致体验:支持手机超级快充,本地喇叭,安卓生态原生支持;办公应用 / 影音播放 / 游戏娱乐等应用流畅体验。

鲲鹏台式机主板的丰富扩展:3×PCIe3.0;2×GE;1×M.2 SSD 接口;8×USB;4× SATA3.0 硬盘接口。

6. 诗词散文类文章

(1)要点

诗词类,特别是古诗词类文章,词组少,单字拆分多,生僻字多,是比较难的录入文本。这类文章的练习可以不用花太多的时间,但对于要求较高的同学,可以自行多加练习。

(2)练习

过零丁洋

[宋] 文天祥

辛苦遭逢起一经,
干戈寥落四周星。
山河破碎风飘絮,
身世浮沉雨打萍。
惶恐滩头说惶恐,
零丁洋里叹零丁。
人生自古谁无死?
留取丹心照汗青。

雨霖铃·寒蝉凄切

［宋］柳永

寒蝉凄切，对长亭晚，骤雨初歇。都门帐饮无绪，留恋处，兰舟催发。执手相看泪眼，竟无语凝噎。念去去，千里烟波，暮霭沉沉楚天阔。

多情自古伤离别，更那堪，冷落清秋节。今宵酒醒何处？杨柳岸，晓风残月。此去经年，应是良辰好景虚设。便纵有千种风情，更与何人说？

任务评价

中文文章任务评价标准，见表1-2-16。中文文章练习记录表，见表1-2-17。

表1-2-16　中文文章任务评价标准

任务内容	测试时间（分钟）	合格		良好		优秀	
		录入速度（字/分钟）	准确率（‰）	录入速度（字/分钟）	准确率（‰）	录入速度（字/分钟）	准确率（‰）
政治类文章	10	30	960	60	980	90	998
文学类文章	10	30	960	60	980	90	998
新闻类文章	10	30	960	60	980	90	998
专业类文章	10	25	960	50	980	75	998
诗词散文类文章	10	20	960	40	980	60	998

表1-2-17　中文文章练习记录表

练习内容	练习时间（分钟）	第一次练习		第二次练习		第三次练习	
		录入速度（字/分钟）	准确率（‰）	录入速度（字/分钟）	准确率（‰）	录入速度（字/分钟）	准确率（‰）
政治类文章							
文学类文章							
新闻类文章							
专业类文章							
诗词散文类文章							
练后反思	找出录入慢和录入出错的原因，思考如何提高录入速度和正确率						

强化训练

录入速度的提高，有赖于同学们的勤奋练习，下面提供一些文章供大家练习。

1. 政治类文章

工作适应

求职不易，立业尤难。当求职成功，走向新的工作岗位时，要做好上岗的准备，以适应工作的需要。

第一，建立在团队中良好的人际关系。刚到一个新的环境，如果没有别人的协助或指导，常会很难把事情做好。因此，建立良好的人际关系是第一要务。

第二，尽快了解工作的内容职责及操作规程，了解行为规范的要求，即各种规章制度，包括正式的和约定俗成的。

第三，要能吃苦。通常在一个新的工作中，都有所谓的三个月的"试用期"，单位或雇主可能会调派各种工作给你，或许是在了解你各方面的能力，也或许是帮助你熟悉各部门的情况。因此，不要因为觉得不如意、太辛苦而放弃，尽量以正面学习的心态从事工作，必会学到很多，对以后的工作也多有好处。

第四，凡事谦虚多问。任何一个工作环境都有其特点，并且不同岗位的规定也不尽相同，唯有通过谦虚学习，多询问和请教别人，才能使自己的工作顺畅、有效率，顺利完成工作任务。

第五，不要锋芒毕露。在日常工作中要处处与人为善，尊重他人，不搬弄是非，严于律己，宽以待人。千万不要有个人英雄主义。只有如此，才能在较短时间内使工作出成效。

2. 文学类文章

大家一起来运动

太阳宝宝爱睡懒觉。每天很晚了，太阳宝宝还是不愿意起来。小动物们就成了它的"小闹钟"。

一天早晨，大家都等着太阳宝宝一起运动。可是，天空黑黑的，太阳宝宝没出来。

小蚂蚁来到大海边，大声喊："太阳宝宝，快起床！我要和你一起玩！"

"玩什么呀？"太阳宝宝揉了揉没睡醒的双眼问。

"我们一起玩大力士的游戏吧！"

"可是，我还没有睡好，我现在不想玩。要不等我睡好了我再陪你玩好吗？"太阳宝宝不情愿地说。

"不嘛！我就要现在玩，你陪我玩嘛！你最好了，你是最好的太阳宝宝。"小蚂蚁撒娇似地说。

太阳宝宝经不住小蚂蚁的撒娇，于是说："好吧！我陪你玩。"太阳宝宝升起来了一点点。

小花狗来到大海边，大声喊："太阳宝宝，快起床！我要和你一起玩！"

"玩什么呀？"太阳宝宝问。

"我们一起玩飞镖吧！"

"可是，我还没有睡好，我现在不想玩。要不等我睡好了我再陪你玩好吗？"太阳宝宝不情愿地说。

"不嘛！我就要现在玩，你陪我玩嘛！你最好了，你是最好的太阳宝宝。"小花狗撒娇地说。

太阳宝宝经不住小花狗的撒娇，于是说："好吧！我陪你玩。"太阳宝宝又升起来了一点点。

小青蛙来到大海边，大声喊："太阳宝宝，快起床！我要和你一起玩！"

"玩什么呀？"太阳宝宝问。

"我们一起玩跳高吧！"

"可是，我还没有睡好，我现在不想玩。要不等我睡好了我再陪你玩好吗？"太阳宝宝不情愿地说。

"不嘛！我就要现在玩，你陪我玩嘛！你最好了，你是最好的太阳宝宝。"小青蛙撒娇地说。

太阳宝宝经不住小青蛙的撒娇，于是说："好吧！我陪你玩。"太阳宝宝往上跳了一跳，哈哈，太阳宝宝出来了。

太阳宝宝大声说："谢谢你们！以后我每天都会早早起来，和大家一起运动！"

从那以后，太阳宝宝每天都早早起来和大家一起运动。

3. 新闻类文章

工业富联 2022 年营收突破 5000 亿元，净利润超 200 亿元

（中新网 3 月 14 日电）工业富联 3 月 14 日公布的 2022 年度业绩报告显示，2022 年，公司业绩再创新高，营收首次突破 5000 亿元，至 5118.5 亿元，同比增长 16.4%，归母净利润 200.73 亿元，同比增长 0.3%。

具体来看，工业富联三大核心业务板块均实现双位数增长。其中，云计算板块表现最为亮眼。元宇宙、ChatGPT 等带动算力需求激增，该板块营收首次突破 2000 亿，至 2124.44 亿元，同比增长 19.56%。新市场方面，云端游戏（Cloud Gaming）机柜系统产品也开始出货。

财报显示，工业富联通信及移动网络设备方面，全球企业数字化、5G 基建和智能家居需求提升，网络扩容需求显现，该板块实现收入 2961.78 亿元，同比增 14.37%；工业互联网方面，全年收入规模 19.12 亿元，同比增长 13.46%。

4. 专业类文章

TaiShan 服务器
将高效能计算带入每一个数据中心

TaiShan 服务器是华为新一代数据中心服务器，基于华为鲲鹏处理器，适合为大数据、分布式存储、原生应用、高性能计算和数据库等应用高效加速，旨在满足数据中心多样性计算、绿色计算的需求。

TaiShan200 服务器：华为 2480 高性能服务器是 2U 机架服务器，基于鲲鹏 920 处理器，最高能够提供 256 核、2.6GHz 主频的计算能力。该 2U 机架服务器具有计算密度高、存储性能好以及网络速度快的特点，适合为高性能计算、数据库、云计算等应用场景的工作负载进行高效加速，包含 2280E 边缘型、1280 高密型、2280 均衡型、2480 高性能型、5280 存储型和 X6000 高密型等产品型号。

TaiShan200 Pro 服务器：华为 2480 高端服务器是 2U4 路机架服务器，基于鲲鹏 920 处理器，最高能够提供 256 核、3.0GHz 主频的计算能力和最多 25 个 SSD 硬盘。2480 高端服务器具有领先的数据库性能、创新的 RAS 特性以及权威的安全可信认证，适合为企业关键业务提供澎湃的高可靠算力。

TaiShan100 服务器：2280 均衡型是基于华为鲲鹏 916 处理器的 2U2 路机架服务器，系统能够提供 2 路 32 核、2.4GHz 主频的计算能力和最多 27 个 SSD 硬盘，包含 2280 均衡型和 5280 存储型等产品型号。

5. 诗词散文类文章

秋晚的江上

刘大白
归巢的鸟儿，
尽管是倦了，
还驮着斜阳回去。
双翅一翻，
把斜阳掉在江上；
头白的芦苇，
也妆成一瞬的红颜了。

念奴娇·赤壁怀古

[宋]苏轼

大江东去，浪淘尽，千古风流人物。故垒西边，人道是，三国周郎赤壁。乱石穿空，惊涛拍岸，卷起千堆雪。江山如画，一时多少豪杰。

遥想公瑾当年，小乔初嫁了，雄姿英发。羽扇纶巾，谈笑间，樯橹灰飞烟灭。故国神游，多情应笑我，早生华发。人生如梦，一尊还酹江月。

满江红·写怀

[宋]岳飞

怒发冲冠，凭栏处、潇潇雨歇。抬望眼，仰天长啸，壮怀激烈。三十功名尘与土，八千里路云和月。莫等闲、白了少年头，空悲切。

靖康耻，犹未雪；臣子恨，何时灭！驾长车，踏破贺兰山缺。壮志饥餐胡虏肉，笑谈渴饮匈奴血。待从头、收拾旧山河，朝天阙。

任务 5 ▶ 完成实用中文的录入练习

离散文本是汉字录入中要求较高的部分，这些内容多数不能使用词组进行输入。日常生活或工作中，经常会遇到输入姓名、城市、单位名称及地址等离散文本，这时录入速度会大幅降低。为了提高工作效率，平时要对接触到的这类信息文本多加练习。

➡ 任务情境

正当吉永春为自己的中文录入成绩沾沾自喜时，有件事却极大地打击了他：叔叔让他帮忙录入一份单位聘用人员资料，没想到他的录入速度一落千丈，跟他以往录入文章简直判若两人。他非常郁闷：这到底是怎么回事呢？

➡ 任务分析

1. 工作思路

若想提高离散文本的录入速度，需要对日常生活、工作中经常碰到的城市、单位等文字信息多加练习。

2. 注意事项

1）对中文录入要求较高的企业在录用员工时，往往以离散文本为测试内容。相关专业的同学可以加强这方面的训练。

2）先利用打字软件看屏幕练习，录入速度上来后逐步转向看稿录入。

3）看稿录入时，尽量做到用眼睛的余光看屏幕，整个录入过程中基本上都是看稿盲打。

➡ 知识储备

一个录入员录入速度的快慢和版面质量的高低，在很大程度上，取决于录入员的文化修养水平。因为录入的文稿是由许多人书写的，每个人都有自己的书写特点，稿件到录入员手里时，有潦草的、修改杂乱的，也有清晰的。总之各式各样的字体和修改都有可能出现。识稿能力的高低决定了录入员的工作效率，录入工作要求录入员必须具备一定的识稿能力。那么，录入员如何在自己的工作中提高识稿能力呢？

首先，要了解本单位的工作性质，学习本单位的业务知识，以及本单位的专业术语。例如，在医药卫生单位，录入员必须掌握必要的医药知识，了解一定数量的中、西药名称；又如，地质矿产单位的录入员，要掌握必要的地质学知识，了解各种矿石的名称；再如，气象预报单位的录入员，要掌握一定的地理知识和气象方面的术语。总之，各个单位都有其专业术语，而这些专业术语在日常生活中有可能极少碰到，故如不熟悉、不了解，再加之文字本身潦草些，就会识错。录入员必须认真学习业务知识，熟悉和了解本单位的专业术语，在录入稿件时，才不至于因一字不识、一词不明而影响整个录入工作的顺利进行。

其次，要掌握一定的书法知识，了解各种字体的书写规律，了解各种常用字的几种字体。

提高识稿能力并不困难，只要平时认真学习业务知识，多看、多写、多练，在工作中不断总结各式各样稿件的文字特点，识稿能力就会逐步提高。

除了提高识稿能力外，还有一个好的弥补措施，就是拿到手稿后，当拟稿人在场的情况下，先大致地审视一下稿件的文字内容，将不清楚的字、词及时问明白，并给予校正或做出相应的标记。

技能点拨

实用中文的录入是汉字录入中要求较高的部分，也是一些对中文录入要求较高的企业在录用人员时要进行测试的内容，同学们可根据自身的学习进度和能力进行练习。

1. 姓名

（1）要点

在录入姓名时，会经常碰到没有录入过的生僻字，从而影响录入速度。这时要克制急躁的心情，仔细回想汉字单字的拆分方法，按规则拆字录入。

首先看屏幕练习，在录入速度较快后，逐步转向看稿练习。看稿录入时，要坚持盲打的习惯。尽量做到只用眼睛的余光看屏幕，整个录入过程中基本上都是看稿打字，以降低误码率。

（2）练习

马慧心	陈嘉怡	施靖琪	卜鑫鹏	袁熙泰	章和泰
陈清淑	傅怡然	姜曼云	施文敏	罗晓凡	严红叶
昌泽明	彭俊伟	金博超	韩高爽	鲁越彬	姜俊朗

2. 城市名称

（1）要点

在录入城市名称时，可能会碰到没有录入过的字，从而影响录入速度。大部分的城市名称可用词组的方式录入，若碰到使用词组无法录入的情况，首先要克制急躁的心情，再仔细回想单字拆分规则，按规则拆字录入。

首先看屏幕练习，在录入速度较快后，逐步转向看稿练习。看稿录入时，要坚持盲打的习惯。尽量做到只用眼睛的余光看屏幕，整个录入过程中基本上都是看稿打字，以降低误码率。

（2）练习

北京市	上海市	天津市	重庆市	山西省	太原市
河北省	石家庄市	辽宁省	沈阳市	吉林省	长春市
江苏省	南京市	安徽省	合肥市	山东省	济南市

3. 单位名称

（1）要点

在录入单位名称时，可能会碰到没有录入过的字，从而影响录入速度。大部分的单位名称可用一个或多个词组的方式录入，若碰到使用词组无法录入的情况，首先要克制急躁的心情，再仔细回想单字拆分规则，按规则拆字录入。

首先看屏幕练习，在录入速度较快后，逐步转向看稿练习。看稿录入时，要坚持盲打的习惯。尽量做到只用眼睛的余光看屏幕，整个录入过程中基本上都是看稿打字，以降低误码率。

（2）练习

外交部	公路局	戒毒所	物价局	司法部	县妇联
浦发银行	中国移动	EMS 邮政特快专递服务		工商银行	
列车问讯处	民航问讯处	南方航空售票中心		自来水公司	
住房公积金管理中心管理部		中国证券监督管理委员会		农业农村部	

4. 地址

（1）要点

在录入地址时，会经常碰到没有录入过的字，从而影响录入速度。地址中能使用词组方式录入的不是很多，这时要克制急躁的心情，仔细回想单字的拆分规则，按规则拆字录入。

首先看屏幕练习，在录入速度较快后，逐步转向看稿练习。看稿录入时，要坚持盲打的习惯。尽量做到只用眼睛的余光看屏幕，整个录入过程中基本上都是看稿打字，以降低误码率。

对以下地址中的常用字，可以多加练习：

省 市 县 区 镇 村 屯 乡 队 路 街 巷 号 栋 楼 房

（2）练习

景德镇市新城区河堤街 12 号　　太原市东岗巷 110 号
东莞市植物路 48 号区直第一幼儿园　　惠州市五一东路 15 号 9 栋 702 号
镇江市青山路 18 号东来居 11 栋 102 号　　南宁市园湖路葛岭巷葛麻村
田阳县洞靖乡弄岩村吞雷屯 50 号　　攀枝花市江南区江西镇同华村
成都市华兴南宁市宾阳县芦圩镇四和村　　格尔木市北湖路东三里 6 号 2 栋 302
河北省高碑店市白沟镇富强路 8 号　　深圳市宝安北路笋岗仓库区梅园路 812 栋

任务评价

实用中文任务评价标准，见表 1-2-18。实用中文练习记录表，见表 1-2-19。

表 1-2-18　实用中文任务评价标准

任务内容	测试时间（分钟）	合格		良好		优秀	
		录入速度（字/分钟）	准确率（‰）	录入速度（字/分钟）	准确率（‰）	录入速度（字/分钟）	准确率（‰）
姓名	10	20	960	35	980	50	998
城市名称	10	30	960	45	980	60	998
单位名称	10	30	960	45	980	60	998
地址	10	20	960	35	980	50	998

表 1-2-19　实用中文练习记录表

练习内容	练习时间（分钟）	第一次练习		第二次练习		第三次练习	
		录入速度（字/分钟）	准确率（‰）	录入速度（字/分钟）	准确率（‰）	录入速度（字/分钟）	准确率（‰）
姓名							
城市名称							
单位名称							
地址							
练后反思	找出录入慢和录入出错的原因，思考如何提高录入速度和正确率						

强化训练

录入速度的提高，有赖于同学们的勤奋练习，下面提供一些实用中文录入材料供大家练习。

1. 姓名

吴德厚	陈鹤轩	黄伟宸	秦远翔	褚雄逸	蒋圣杰
魏俊豪	吴雅畅	鲍越彬	史和泰	贺雅畅	滕鹏煊
孙皓轩	苏禾泰	奚熠彤	邹清佳	雷古韵	尤寒凝
韩云亭	潘慧丽	姜雪萍	葛清淑	李娜兰	马涵韵
殷悦欣	金凌春	安嘉悦	吴梦菲	罗婉秀	赵云露
云俊豪	章明煦	杨楷瑞	张晋鹏	谢哲瀚	范嘉懿
滕高卓	乐豪健	奚懿轩	何明哲	袁高俊	窦怡宁
云健柏	俞雄博	许弘文	姜雅畅	周明燦	雷和韬

2. 城市名称

浙江省	杭州市	江西省	南昌市	福建省	厦门市
湖南省	长沙市	湖北省	武汉市	河南省	郑州市
广东省	广州市	海南省	海口市	贵州省	贵阳市
四川省	成都市	云南省	昆明市	陕西省	西安市
甘肃省	兰州市	青海省	西宁市	台湾省	台北市
广西壮族自治区		南宁市	宁夏回族自治区		银川市
西藏自治区		拉萨市	新疆维吾尔自治区		乌鲁木齐市

内蒙古自治区　　　　呼和浩特市　　　　黑龙江省　　　　齐齐哈尔市

3. 单位名称

质监局	国税局	地税局	公安局	药监局	区纪委
中国电信	中国联通	中国移动	中国网通	中国铁通	
浦发银行	华夏银行	光大银行	兴业银行	工商银行	

中国人民保险集团股份有限公司　　　　　　中国人寿保险股份有限公司

中国太平洋保险集团股份有限公司

中医院	区妇幼保健院	第二人民医院	区骨伤医院	
琅东汽车站	安吉客运站	西乡塘客运站	金桥客运站	
同仁堂药店	管道燃气公司	当代生活报	职业技术培训中心	
中央电视台	湖南电视台	南宁日报	羊城晚报	南国早报

4. 地址

广西灵山县灵城镇化肥厂宿舍　　　　　　　长春市东朝阳路

南宁市横县平朗乡那眉村　　　　　　　　　福建省府路

景德镇市新城区河堤街 12 号　　　　　　　青岛市市南区济南路 95 号丙

东莞市植物路 48 号区直第一幼儿园　　　　山东三里屯

镇江市青山路 18 号东来居 11 栋 102 号　　成都市二环路南一段海德花园

成都市江南路 44 号 7 栋 2 单元 703 室　　　天津市赤峰道丹东路 57 号

嘉峪关市东葛路区转业军官培训中心　　　　江苏苏州学士街 460 号

来宾市兴宾区石陵镇　　　　　　　　　　　天津市建设路 94 号

海南海口市博爱北路 35 号　　　　　　　　上海市淮海路 2313 号

海南三亚市和平路鹿城第二层 17、18 号　　太原市东岗巷 110 号

福建东街口 129 号　　　　　　　　　　　　惠州市五一东路 15 号 9 栋 702 号

南宁市园湖路葛岭巷葛麻村　　　　　　　　钦州市浦北县小江镇滨河路 49 号

攀枝花市江南区江西镇同华村　　　　　　　日喀则市五一路北二里 21 号

格尔木市北湖路东三里 6 号 2 栋 302　　　　青岛市济南路 126 号

海南滨海路怡仙草休闲中心　　　　　　　　广东省电白县

成都市华兴南宁市宾阳县芦圩镇四和村　　　柳州市鹿寨县委党校

高雄市新阳路 288 号 18 栋 5 号　　　　　　马鞍山市秀厢大道 18 号 1 栋 1 单元 501

江苏南京市杨公井 25 号　　　　　　　　　　南宁市邕宁区那楼镇那头村

江苏镇江市十梓街　　　　　　　　　　　　广西浦北县福旺镇坡心村委会

第3章

数字录入训练营

日常工作中少不了数字的录入。本章将对数字录入进行系统的训练。同学们经过本章的练习，可以快速提高数字的录入速度与准确率。

任务1 使用大键盘完成数字的录入练习

科技类的文章中夹杂着不少数字，录入时速度会下降不少。碰到这样的情况，通常采用常规击键输入法，即使用大键盘进行数字录入。录入数字的指法与前面所学的录入英文的指法相同，只要注意手的移动距离，很快便能熟练掌握。

大键盘数字录入

➤ 任务情境

吉永春为了让录入技能更为娴熟，经常找来各种报刊杂志进行录入练习。他发现科技类的文章中夹杂着不少数字，这使他的录入速度下降了不少。怎样才能改变这一状况呢？

➤ 任务分析

1. 工作思路

录入时碰到夹杂着数字的文章，首先需要分析，文章中的数字多不多。如果只是极少量的，那么可以采用常规击键输入法；若数量比较多，则宜采用直接击键输入法。

2. 注意事项

1）在大键盘上录入数字，沿用英文指法的击键方式，手形没有太大的变化。

2）因数字键离基准键较远，练习时需用心衡量键的距离与方位，注意体会左右手指的键位感。

3）击键要干脆利落，击完及时回归基准键。

知识储备

1. 常规击键输入法

现实生活中，使用计算机进行数据录入时，往往有大量的阿拉伯数字需要录入。一般数据录入分为西文录入、数字混合录入和纯数字录入。西文录入、数字混合录入宜采用常规击键输入法，即前面英文指法基础练习中一贯采用的从基准键出发，击键后再返回基准键上的方法。具体指法是：按键盘分区的手指管制范围，遇到数字时，手指向第四排数字键伸击，若击键手指尽量伸直还达不到数字键位，手可适量前移，但不能像直接击键输入那样把手放在数字键上，以免回归基准键时带来偏差。

2. 键位

数字键位于键盘第一排，基准键在第三排，数字键 <1> ～ <9> 分别与基准键 <A><S><D><F><G><H><J><K><L><；> 相对应。图 1-3-1 所示为常规击键指法示意。

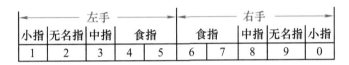

左手				右手			
小指	无名指	中指	食指	食指	中指	无名指	小指
1	2	3	4	5	6	7	8	9	0

图 1-3-1 常规击键指法示意

3. 指法要点

数字键离基准键较远，弹击时必须遵循以基准键为中心的原则，依靠左右手指敏锐和准确的键位感，来衡量数字键离基准键的距离和方位。敲击时，掌心宜略为抬高，所使用的手指要伸直，敲击时要迅速果断。

敲击数字键时，手指越过第二排键，较大幅度向上伸展，击完回位往往不易准确，同时小指的力度和伸展幅度小，敲击也不易准确，这些都需要在练习中不断体会，不断建立键位感，提高敲击的准确性。同时，应注意一个数往往是由几个数字键组成的，它们之间没有空格，但一个数录入完之后，需击一次空格键。

技能点拨

1）在大键盘上录入数字，沿用英文指法的击键方式，手形没有太大的变化。但是，因数字键离基准键较远，练习时需用心衡量键的距离与方位，注意体会左右手指的键位感。击键要干脆利落，击完要及时回归基准键，避免敲击了数字键后造成手指走位，再击字母键时出现错误。

juj	j7j	juj	j7j	juj	j7j	juj	j7j	juj	j7j
64	bits	64	bits	64	bits	64	bits	64	bits
1st	2nd	3rd	4th	5st	6nd	7rd	8th	9st	10nd
51rd	52th	53st	54nd	55rd	56th	57st	58nd	59rd	60th
2726	2131	2831	2482	2920	2381	2065	2157	2020	2832
7564	7383	7131	7148	7297	7502	7474	7929	7375	7140

2）小指和无名指不如食指和中指灵活，击键力度也不够，数字键离基准键又远，不易准确定位，应多加练习，注意体会各指的距离感和击键力度。

0350	0357	0359	0355	0354	0352
0429	0421	0427	0431	0432	0433
0519	0510	0512	0516	0517	0527
0633	0632	0635	0534	0543	0536
0711	0713	0715	0719	0717	0718
0810	0813	0817	0819	0878	0913
0933	0937	0943	0935	0937	0938
024	025	027	020	028	029

3）在有点数字的录入中，无名指因其灵活度、力度不够，需要进行重点训练。特别是 <>键的练习，要用心体会无名指击键的感觉，掌握好距离和方向及击键力度。进行练习时，重点体会各手指键位感及协调工作的节奏感。

1717.4681	2.056	406.4561	5848.76
945.141	1277.9414	242310215.6	489.4
0.202251	2541313.451	785.495461	1130.257
4884.5422	4102.022	23.021356	897854.5812
0.354879041	514884.5	49871.13	27849502.51
4.045	12.546	45130124.4	2.31
494.16	78842.1134	794.584	2154.8
1.21	5102.156	56123.1054	4764.867
30124.68	879.5461	2154784.5	8591.07
11322.0303	130.1244	246751978.012	4610.112014
31.4975	78895642.13	4814512.042	879.41
421021.546	0.3152	51.374681	204.25
7816.2158	1165881.988	0.7474	1.7468
7984.561	132.20045	210.024	1945.14

任务评价

大键盘数字任务评价标准，见表 1-3-1。大键盘数字练习记录表，见表 1-3-2。

表 1-3-1　大键盘数字任务评价标准

任 务 内 容	测试时间（分钟）	合　格		良　好		优　秀	
		录入速度（字/分钟）	准确率（‰）	录入速度（字/分钟）	准确率（‰）	录入速度（字/分钟）	准确率（‰）
英数混合	10	80	960	120	980	160	998
长途区号	10	100	960	140	980	180	998
邮政编码	10	100	960	140	980	180	998
无点数字	10	100	960	140	980	180	998
有点数字	10	80	960	120	980	160	998

表 1-3-2　大键盘数字练习记录表

练习内容	练习时间（分钟）	第一次练习		第二次练习		第三次练习	
		录入速度（字/分钟）	准确率（‰）	录入速度（字/分钟）	准确率（‰）	录入速度（字/分钟）	准确率（‰）
英数混合							
长途区号							
邮政编码							
无点数字							
有点数字							
练后反思	找出录入慢和录入出错的原因，思考如何提高录入速度和正确率						

强化训练

数字录入技能的提高，有赖于大量的练习，同学们可根据自身的情况，把下面几个部分的训练内容多次练习，以提高录入速度及准确率。注意按要求盲打。

英 数 混 合

1st	2nd	3rd	4th	5st	6nd	7rd	8th	9st	10nd
11rd	12th	13st	14nd	15rd	16th	17st	18nd	19rd	20th
21st	22nd	23rd	24th	25st	26nd	27rd	28th	29st	30nd
31rd	32th	33st	34nd	35rd	36th	37st	38nd	39rd	40th
41st	42nd	43rd	44th	45st	46nd	47rd	48th	49st	50nd
51rd	52th	53st	54nd	55rd	56th	57st	58nd	59rd	60th
61st	62nd	63rd	64th	65st	66nd	67rd	68th	69st	70nd
71rd	72th	73st	74nd	75rd	76th	77st	78nd	79rd	80th
81st	82nd	83rd	84th	85st	86nd	87rd	88th	89st	90nd
91rd	92th	93st	94nd	95rd	96th	97st	98nd	99rd	100th

juj	j7j	juj	j7j	juj	j7j	juj	j7j	juj	j7j
jyj	j6j	jyj	j6j	jyj	j6j	jyj	j6j	jyj	j6j
f4f	frf	f4f	frf	f4f	frf	f4f	frf	f4f	frf
f5f	ftf	f5f	ftf	f5f	ftf	f5f	ftf	f5f	ftf
sws	s2s	sws	s2s	sws	s2s	sws	s2s	sws	s2s
kik	k8k	kik	k8k	kik	k8k	kik	k8k	kik	k8k
a1a	aqa	a1a	aqa	a1a	aqa	a1a	aqa	a1a	aqa
64	bits	64	bits	64	bits	64	bits	64	bits
on	the	75	on	the	75	on	the	75	on	the	75
data	839	data	839	data	839	data	839		
it	has	38	it	has	38	it	has	38	it	has	38
d3d	k8k	s2s	l9l	a1a	d3d	k8k	s2s	l9l	a1a
47	blant	books	590	47	blantss	books	590		

长 途 区 号

024	025	027	020	028	029
010	021	022	0971	0977	0979

0895	0471	0479	0478	0477	0470
0476	0482	0475	0474	0472	0473
0314	0312	0313	0419	0410	0412
0456	0514	0511	0510	0510	0520
0536	0535	0532	0634	0537	0530
0632	0571	0575	0573	0574	0580
0572	0573	0574	0576	0579	0578
0799	0796	0794	0793	0591	0599
0592	0595	0597	0598	0594	0599
0728	0719	0371	0391	0392	0374
0398	0376	0769	0753	0768	0660
0662	0898	0898	0898	0771	0776
0775	0774	0851	0856	0854	0859
0858	0855	0853	0852	0834	0838
0878	0910	0913	0917	0919	0913
0934	0937	0951	0953	0953	0952

邮 政 编 码

100000	101100	101200	101300	201100	201200
200000	200100	101400	101500	102100	102200
411100	411400	412000	413000	414000	414400
445000	445400	433100	41800	441900	450000
453000	454100	455000	456600	457000	461000
467000	471000	472000	463000	464000	510000
511500	511700	512000	514000	515000	515600
516000	516600	517000	518000	524000	525000
547000	550000	553000	554300	556000	558000
561000	562400	563000	564700	610000	614000
615000	617000	618000	621000	625000	628000
654100	655000	657000	661000	661400	671000
675000	678000	710000	712000	714000	715400
716000	721000	723000	727000	730000	730900
751600	753000	810000	816000	817000	830000
832000	833400	834700	836500	839000	843000
845350	831100	833200	834000	835000	838000
841000	844000	848000	850000	857000	100000

无 点 数 字

654254	68245047	215403	4886498
51354878	97601345	205	75465421
45781572	456714897	14051	315789677
226486	62	477907	8897
15452845	68466589	5744615	84561
542847358	6854798	606358	21324015
5246474	62457918	49716	147468

122457126	51126771	1003542	7954879
35265476	6587924577	168794	4857
2526578	689469874	5303467	68497542
6135484	21464723	8791	102154678
69875456	345479	581214	1621587
45985	10000534	603465	9845612
558	94671067	7891	43012
657021	47897134	514731	115489
15248548	1512487	59784631	78457648
5480657	9112067	2045	94113025
6481587	48706	78974514	78978
6027408	57801	614003	545812
5446987742	630087	2148978	6819451
168802657	44008	546121313	154310284
515870484	7981285	1204545	102022514
6505	41681	697841	8845035487
540645	43971053	21354548	90457887874
91831	845749	4498177	94161213
677205748	1876182	87584	078
5165	1431	79767819	124561
9841487	54687	758496	27794
6805547	940154	4812345	4568
632	14102	468794	415431028
897	4778978	11213	8956
9548400085	454602	578976	

有 点 数 字

84578.112	45141020.22	0.354879041	467879.11
15487.9584	5148845.4221	4.045	31.4975
5283.461	15489.7845	788.787	421021.546
23.0213	76.4891	494.16	7816.2158
5649.87	1717.4681	1.21	7984.561
545.2187	945.141	30124.68	2.056
45845.612	0.202251	5455.12	1277.9414
31.26819	4884.5422	11322.0303	2541313.451
4102.022	2154784.5	15.27801	941.612
514884.5	687971.54031	587.98468	130124.56
12.546	246751978.012	8711.402015	127794.1
78842.1134	4814512.042	648948.476	425.41
5102.156	51.374681	445.422035	31312.546
879.5461	0.7474	487.90410	788421.13
23021.5646	210.024	4578.87	45130124.478
130.1244	5848.76	87.817008	89564.856
78895642.13	489.4	45.6120431	78.413
0.3152	1130.257	2.1154	134.51

16548.79845	897854.5812	89.51205	4102.022
1165881.988	27849502.51	648.728	51488.4512
845455.121	4879.4821005	612.37	45612.4231021
132.20045	48978145.84561	5051.27	56487954.612
406.4561	2.31	89.41005	30213.56
242310215.6	2154.8	469.849	49875.452
48754784.5764	4764.867	82.454	18794584.56
8941130257.89	8591.07	2.203548	1231021548.5
785.495461	4610.112014	7904.1045	7945178.89
23.021356	879.41	78.25	84561.21
49871.13	204.25	131.31	3240.13
45130124.4	1.7468	5.46	24015.14
78895654521.8	1945.14	78.84	746.87954
794.584	102.22514	211.345	87948.571
56123.1054	8794858.9683	13087.874	5147.468

任务2 ▶ 使用小键盘完成数字的录入练习

遇到大量纯数字文本录入的任务时，使用小键盘数字键录入较为方便快捷。使用小键盘数字键录入，为右手单手指法，通过针对性的训练，同学们能很快掌握并提高录入速度。

小键盘数字录入

➡ 任务情境

吉永春所在的学校接到了一项录入任务：两周后协助相关部门把成人高考的考试成绩录入到计算机中。学校打算在吉永春的年级中挑选50名录入技能强的同学参与这次社会实践活动。吉永春非常希望能参加，怎样才能让自己被选上呢？

➡ 任务分析

1. 工作思路

遇到诸如成绩等这样大量纯数字文本的录入任务时，使用小键盘数字键录入较为方便快捷。会计、收银员、物流员、话务员、报关员等在日常工作中，常遇到大量数字输入的任务，所以金融、财会、文秘、物流、商务等专业的同学，要多进行针对小键盘数字录入的训练。

2. 注意事项

1）在小键盘上录入数字，用右手单手输入，手形类似于英文指法。

2）无名指与小指的击键力度与灵活性较差，需多加练习，以增强键位感。

3）击键要干脆利落，击完及时回归基准键。

知识储备

1. 直接击键输入法

前面已经介绍过，西文录入、数字混合录入宜采用常规击键输入法，而对于纯数字录入，则宜采用直接击键输入法。

对于直接击键输入法，由于字键就在手指下，可提高输入的准确性和速度，进行纯数字录入时效果较好。而使用小键盘进行快速的数字录入（如货币金额或账号等）是金融、财会人员所必须掌握的一项基本技能，因此要重视小键盘的数字录入训练。要做到快速录入，实现盲打，必须要经过一番严格、规范的指法训练。

这里主要介绍小键盘数字录入。使用键盘右侧的小键盘进行数字录入时，要注意数字锁定键 <NumLock> 必须是打开的，这时可以看到其上方的指示灯亮起。

2. 键位

小键盘的键位比大键盘少很多，但同样有一套规范的指法规则。该指法要求：只用右手进行键盘操作。基准键在小键盘中间的一排 <4><5><6> 键上，中指定位于 <5> 键（键上有一凸起的点，起定位作用），食指定位于 <4> 键，无名指定位于 <6> 键，食指负责 <1><4><7> 3 个键，中指负责 </><8><5><2> 4 个键，无名指负责 <*><9><6><3><.> 5 个键，大拇指负责 <0> 键，小指负责 <-><+><Enter>（回车键）3 个键，直接击键指法示意如图 1-3-2 所示。

食指	中指	无名指	小指
Num Lock	/	*	-
7	8	9	
4	5	6	+
1	2	3	
0		.	Enter

图 1-3-2　直接击键指法示意

3. 指法要点

直接击键输入法的指法与英文录入指法要求相同，也要求用触觉击键法。敲击时必须遵循以基准键为中心的原则，依靠手指的敏锐和准确的键位感，来衡量各数字键离基准键的距离和方位。通过练习，很快会有上手的感觉，继而实现快速盲打。

在练习的过程中要注意，无名指与小指的击键力度和伸展幅度小，特别是无名指所"管辖"的小数点"."，离基准键较远，敲击不易准确，这些都需要在练习中不断体会，不断建立键位感，提高敲击的准确性。

技能点拨

1）按下小键盘上的 <NumLock> 键，使键盘上方的"NumLock"指示灯亮后，才能输入数字。在小键盘上录入数字，用右手单手输入，手形类似于英文指法。

使用小键盘进行快速的数字录入（例如货币金额或账号等）是金融、财会人员所必须掌握的一项基本技能，要做到快速录入，实现盲打，需要经过一番严格、规范的指法训练。因此，要重视小键盘的数字录入训练。练习时需用心衡量键的距离与方位，注意手指的键位感。击键要干脆利落，击完要及时回归基准键。

110	**119**	**120**	**122**	**112**	**114**
2580	**2581**	**2588**	**2815**	**2850**	**2585**

10000	11185	10010	10060	10086	12371
95598	96335	96123	12315	12345	96166
7010568	5101640	7010176	8496001	8496348	
29922872	29242225	29057315	29744992	29141559	
68863609	69840147	69857047	65523553	65522666	
38351150	33494311	33011382	34923392	32537220	
13838811110	18736311112	18736311116	15139933339		
15225544449	15036555554	15136361919	13783797379		

2）小指和无名指不如食指和中指灵活，击键力度也不够，要"管"的键又多，不易准确定位，因此应多加强练习。数字0由大拇指侧面肌肉击键打出。练习时，注意体会各指的距离感和击键力度。

421306901	10692301	831312	46904
138312	270148710	547771142	6455
106881151	316980494	5465881988	46125
60411	16972750405	84487154551	6043121
74512979	64067186	21151514	15489
614587	287160352	74687954	784576
5215877	186706	879485768	77348941
520397	894068469	497542102154	1302578
96084125	0468	67816	9785
344690113	74087708	2158	4581227
8740102698	78779777	79889	31028410
789406846	29777	4068	2022514
88450354	15216211515147	84690	72501
87904578878	5789677	4687954	46455461
749416121	88978	87948576	2560431
30781487	77403	8497542102	21154897
89564	5612132	154678162	845767
21303	400431	15879889406	734894

3）在有点数字的录入中，无名指因其灵活度、力度不够，需要进行重点训练。特别是 <.> 键的练习，要用心体会无名指击键的感觉，掌握好距离和方向及击键力度。进行练习时，重点体会各手指键位感及协调工作的节奏感。

6542.54	62.0057	91.831	87.5324
51.354878	658.56024	67720.5748	4701.7725
457815.72	648.695	51.65	41.74
22648.6	798.682	984.1487	87.72351
154528.45	50.654	68.05547	2478.17
5428473.58	87540.5495	6.32	98.47
5246.474	9848.589	62.457918	4520.8524
122457.126	4877.93	5.1126771	1.05608
3526.5476	6.48	658792.4577	1.957
252.6578	25.0647	6894.69874	585.972

61354.84	602740.8	214647.23	462.98736
698754.56	54469877.42	3.45479	8285.73
4598.5	678018.47	1000053.4	82.761
5.58	507547.15	94671.067	0.82
6570.21	1688.02657	4.4657808	4.165
15248.548	515870.484	63.4872	489.7238
548.0657	650.5	10.0243	517.486
648.1587	5406.45	1402.3497	27.15

4）小键盘的输入主要用在账单、分数、统计等数字出现较多的地方。录入员往往需要左手翻单据，右手输入数字。在输入熟练后，可找单据进行模拟工作场景的左右手配合录入训练。在本书的第 6 章，也有相关表单输入操作的介绍。

任务评价

小键盘数字任务评价标准，见表 1-3-3。小键盘数字练习记录表，见表 1-3-4。

表 1-3-3　小键盘数字任务评价标准

任务内容	测试时间（分钟）	合格		良好		优秀	
		录入速度（字/分钟）	准确率（‰）	录入速度（字/分钟）	准确率（‰）	录入速度（字/分钟）	准确率（‰）
短电话	10	120	960	180	980	240	998
座机电话	10	120	960	180	980	240	998
手机号码	10	120	960	180	980	240	998
无点数字	10	120	960	180	980	240	998
有点数字	10	100	960	150	980	200	998

表 1-3-4　小键盘数字练习记录表

练习内容	练习时间（分钟）	第一次练习		第二次练习		第三次练习	
		录入速度（字/分钟）	准确率（‰）	录入速度（字/分钟）	准确率（‰）	录入速度（字/分钟）	准确率（‰）
短电话							
座机电话							
手机号码							
无点数字							
有点数字							
练后反思	找出录入慢和录入出错的原因，思考如何提高录入速度和正确率						

强化训练

数字录入技能的提高，有赖于大量的练习，同学们可根据自身的情况，把下面几个部分的训练内容多次练习，以提高录入速度及准确率。注意按要求盲打。

短 电 话

110	119	120	122	112	114
193	196	068	189	185	221
121	586	122	176	1861	1860
2580	2581	2588	2815	2850	2585
95599	95555	96288	95528	95577	95595
12110	12358	12365	12369	12348	12355
23996	96323	12366	95120	12356	12312
12318	12338	12351	96121	12333	12309
10000	11185	10010	10060	10086	12371
95559	95533	95566	95568	95501	95561
12319	96777	12300	10000	95567	18600
10050	10060	11185	95588	12319	17901
17900	17908	17909	17910	17911	17950
17951	17960	17961	17968	17969	17990
11185	17991	96332	95598	96335	96332
95598	96335	96123	12315	12345	96166
12345	12315	12365	12358	12369	96102
95595	95518	95519	95500	95511	95512

座 机 电 话

7261916	7261949	7261937	7261902	7261909
7881890	7015110	7111701	7022748	7261720
7018110	7010110	7022518	7021631	7027820
7110591	7021854	7011005	7024639	7882222
7881890	7369999	7781890	7053567	7025769
7029671	7909906	7022420	7024595	7022002
8870965	8018748	7900371	7017615	7022598
7015233	7387570	7855246	7850630	7224288
7010148	7021898	7016133	7029002	8788888
7261947	7111083	7261945	7261811	7261932
77139705	77182480	77051107	77051079	75947134
73527244	73517104	75959713	75072078	75947127
62555882	62570973	77051107	77051079	75947134
84015316	64011327	68349046	62366065	65133343
63969137	64042244	66012350	67117844	63033059
29922872	29242225	29057315	29744992	29141559
69941350	69644013	69101821	69142710	66168698
73527244	73517104	75959713	75072078	75947127

手 机 号 码

13838811110	18736311112	18736311116	15139933339
15225544449	18736255551	18736355552	13783797379

18736355553	18736255553	15036555554	15136361919
18736266662	18736266663	18736266669	18739088833
18736377770	18736377771	18736377772	15236151515
18739050607	18736367899	18736363738	13837928630
18736377774	18736377775	15194577776	18736212121
18736363737	15937992369	15937976369	13837928353
15837970606	13837983507	13837928322	13837927076
15139963331	13525983336	15138773336	13837997531
13783135550	18737986663	15036316667	13837972115
15036306667	15038586668	18737986668	13837997531
15225586668	18739086669	15139997771	13837959975
15139997770	13721607775	18737987776	13837997035
15036558887	18736368889	15937909992	15136367890
18736289997	15837950011	15236220011	15137988822
13613790055	15236225511	15837990022	15138767676
18736298887	18737918887	15236238887	15225588088

无 点 数 字

421306901	520397	316980494	74087708
138312	96084125	16972750405	78779777
106881151	344690113	64067186	29777
60411	8740102698	287160352	831312
74512979	789406846	186706	547771142
614587	10692301	894068469	5465881988
5215877	270148710	0468	84487154551
211322057	5648	458936	145247
746123301	687942012	632587	1457
34670879	245896	352	356476
1131312	786419	56987	54545123
546788421	51548	65478411256	8759
134512447889	25426	578956	68441
564213031	879536487	57404	68435987
52165789	7868	2405	578
04211	574	325687	32564
455423	457856213	56782363	
57479513574	3659759	25687491	

有 点 数 字

6542.54	798.682	18.21	4213131.211
51354.878	50.654	342.9474	5489.578
457815.72	87540.5495	1752.37	9677889.78
22648.6	9848.589	53.42315	788.97
154528.45	487.793	46.46	80.127
5246.474	6.48	152.73	794.1

122457.126	25.0647	312.4675	25.41
3526.5476	602740.8	1074.741	31.312
252.6578	54469877.42	354.4	5.4678
61354.84	678018.47	569.78	842.11
4598.5	82.761	4121.35454	34.513007
5.58	0.82	9410058.879	26785.910
6570.21	4.165	9784.1241	7461071.1201
15248.548	489.7238	0.132648	2457984.21053
548.0657	517.486	97.80124	1204312115.4
648.1587	27.15	351.98	89.78457
62.0057	24355.19	711035.497	6489.4
648.695	782.815897	1130123.977	1.1167

第 2 篇

实 战 篇

➢ 第 4 章　英文文档训练营　// 70

➢ 第 5 章　中文文档训练营　// 91

➢ 第 6 章　表单录入训练营　// 130

第 4 章

英文文档训练营

🎯 职业能力目标

1）熟练掌握各种英文文档的录入方法。

2）熟练掌握英文信函、便函及其信封的排版规范。

3）熟练掌握英文商务信件的排版规范。

4）掌握英文公函信件的排版规范。

5）熟练掌握英文信封的排版规范。

6）培养学生英文文档书写自主创新能力，具备德才兼备的品质；提高学生对外商业服务意识，树立爱岗敬业精神。

同学们已经熟练掌握了英文文章的录入方法。本章主要通过几种常用英文文档的录入与排版练习，让同学们掌握几种常用英文文档的排版规范。

任务 1 ▶ 完成英文信函、便函及便函信封的录入练习

英文便函要求简短，格式不需要太复杂。同学们要掌握文字处理软件 Word 的使用方法，掌握英文便函的排版规范。

➤ 任务情境

李华性格外向，团结同学，有很好的英语表达能力，从小学就开始当志愿者了，有着丰富的志愿者服务经验。他看到有公司最近招聘 2022 年北京冬奥会志愿者的广告很感兴趣，希望通过此次志愿者活动向世界展示中国风貌。

➤ 任务分析

1. 工作思路

写自荐信，首先要明确表达出自己的目标，然后重点写自己的能力、经历等，最后表达自己的强烈愿望。语言要婉转、简短，格式不需要太复杂。

写好草稿后，用文字处理软件 Word 完成文档录入，并按规范排版、打印。

2. 注意事项

1）写日期时有两点需要注意：①月份最好不要缩写，如 April 和 October 不要写成 Apr. 和 Oct.；②不要用数字来代表月份，如不要用 4 代替 April，不要用 10 代替 October。

2）称呼若为单数时，可用 Dear Sir 而不可用 Gentlemen；英国人在称呼后面习惯用逗号"，"，如"Dear Mr. Wang,"；而美国人则习惯用冒号"："，如"Dear Mr. Wang:"。

3）信文如分段，第二段后各段的开头第一个词要同第一段的第一个词对齐。

4）写信时最好将事一次讲清楚，尽量少用或不用 P.S.（Postscript 的缩写）。

知识储备

1. 英文书信的分类

书信一般可分为商务信件或公函（Business Letter or Official Correspondence）和私人信件（Private Letter）两大类。

2. 英文书信的格式

英文书信一般可分为 8 个部分，具体如下：

（1）信头（Heading）

信头指的是发信人的单位名称和地址。一般公函或商业书信的信纸上端都印有单位名称、地址和电话号码，便于收信人联系。目前信头的格式并不统一，尤其是商业书信的信头花样百出，有些信头的位置随心所欲，还有些印着厂商的简史，甚至是各负责人的姓名、分支的地址、经营范围等。

（2）日期（Date）

在公函或商业书信中，写信日期的位置一般在信头下面的右方，但也有写在中间的。日期的写法英美有所不同，英国式是把日期写在前头，如：5 January, 2023，而美国式则把月份写在前头，如：January 5, 2023。至于日期的标点并无规定。

（3）收信人姓名和地址（Inside Name & Address）

一般公函和商业书信，除在信封上写收信人的姓名和地址外，信内还要重复一遍，它的位置在信纸的左上方，低于日期 2～4 行。收信人姓名前要使用敬语，如：Mr.（先生），Miss（小姐），Mrs.（夫人），Ms（女士）等。

（4）称呼（Salutation）

称呼指的是信文开头的称呼，如：Dear Mr. White（亲爱的怀特先生），Dear Mrs. Coyle（亲爱的科伊尔夫人）。社交书信中的称呼，一般在姓前用 Mr.（先生），Miss（小姐），Mrs.（夫人），Ms（女士），但在写给机关、团体、学校或商务用的信，如果是写给负责人的，一般用 Sir/Madam 或 Dear Sir/Madam，如果是写给单位的，那就用 Dear Sirs/Madam（英式称呼）或 Gentlemen/Ladies（美式称呼）。

（5）信文（Body of the Letter）

信文是信件主体部分，也就是信的内容。信文应在称呼下两行开始。信的开头第一个词通常和称呼开头第一个词平齐，但也有往后退 4 个、8 个或 10 个字母的。

（6）结尾敬语（Complimentary Close）

所谓结尾敬语相当于我国以前书信内信末的"顿首""敬上"等词。在英文书信里，结尾敬语一般写在信纸的右下方，应在信文最后一行下隔一、二行的空白处，其他应加逗号"，"。

（7）署名（Signature）

发信人署名，位于结尾敬语下方。不论是社交书信，还是写给机关、团体、商行等的信，凡是对方不熟悉发信人姓名的，发信人应在署名处先签上自己的名字，然后在下边用打字机打上或用印刷体写上自己的姓名，方便收信人辨认回信。

（8）其他（Others）

1）公函和商业书信的结构除上述7个部分外，还有一项"事由"，位于信文上方，它的作用是使收信人一看便知道信的主要内容。当前，使用英语的国家，不少机关、团体、企业单位在信内喜欢使用"事由"一项，写法不一。

2）收信人及打字员姓名的第一个字母署名（Initials），这样的署名在公函和商业书信里是经常出现的，为的是便于查卷，其位置在签名下面两行的左边。

3）附件在公函和商业书信里也十分常见。凡信内有附件的，尽管信文内已有说明，但在Initials下面仍应附注表明附件若干。

4）附言。收信人有时在写完信后，又想起一件比较重要的事没有说，可以在信末签名下面几行写上 P. S.，然后写上要补充的话。

3. 便函的概念

便函是一种非正式公文信件，其形式比较简便、写法上比较灵活，但也有一定规范可循。便函要求简明，有事则长，无事则短，一般不用过多寒暄的话。

4. 便函的格式

便函的格式在构成上没有公函的格式要求严格，一般也由姓名、日期和称呼、信文、结尾敬语和署名等部分组成。

5. 便函的种类

便函的种类很多，按用途可分为以下几类：

1）邀请，如邀请参加婚礼、参加舞会、乔迁新居等。

2）通知，如放假通知、调薪通知、公开启示等。

3）祝贺信，如节日祝贺、新婚祝贺、升职祝贺等。

4）感谢信，如感谢推荐、感谢款待、感谢馈赠等。

5）慰问信。

6）悼念信。

7）其他。

6. 便函信封

便函以通知，请柬等形式出现时，一般不需要使用和写信封，但若以自荐信、祝贺信等形式出现时，需要使用信封，此时的信封书写与其他信件书写格式及方式一致。

➡ 技能点拨

1. 效果展示

英文自荐信的效果展示，如图 2-4-1 所示。

图 2-4-1 英文自荐信的效果展示

2. 步骤分析

1）打开文字处理软件 Word，切换输入法，完成自荐信的录入。

No. 414 Huizhongli, Yayuncun (Asian Games Village)

（Chaoyang District, Beijing）

5 January, 2022

Dear Sir or Madam,

I'm Li Hua, a student from China. I'm writing to express my interest in your recently advertised position for a volunteer of the 2022 Beijing Winter Olympic Games.

In terms of my personality, I'm outgoing and committed with a teamwork spirit. Furthermore, I not only have a good command of spoken English but also have rich Experience in volunteering. I've been a volunteer since I was a primary school student.

As for me, it's of significance to be a volunteer at the 2022 Games. That's because it's a perfect opportunity to display China to the world. Therefore, I believe I'm qualified for the position.

Thank you for considering my application, and I'm looking forward to meeting you at your convenience.

Yours,

Li Hua

2）设置纸张大小，执行"布局"→"页面设置"→"纸张大小"命令，单击下拉按钮选择 B5。纸张设置如图 2-4-2 所示。

3）选中发信人的地址和日期，执行"开始"→"段落"→"右对齐"命令。

4）选择信文部分，执行"开始"→"段落"→"缩进和间距"→"特殊"→"首行"命令，设置"缩进值"为"2 字符"，单击"确定"按钮。段落的首行缩进如图 2-4-3 所示。

5）选中结尾敬语及署名，执行"开始"→"段落"→"右对齐"命令。

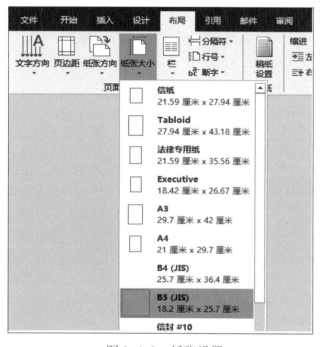

图 2-4-2　纸张设置

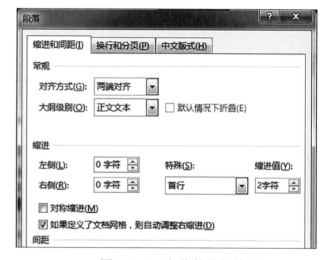

图 2-4-3　段落的首行缩进

任务评价

英文便函评价表，见表 2-4-1。

表 2-4-1　英文便函评价表

任 务 内 容	录入速度（字 / 分钟）	排版完成时间（分钟）	难 易 程 度	完 成 情 况	任 务 成 绩
便函 （自荐信）			□很难 □有点难 □较容易	□独立完成 □他人帮助完成 □未完成	

强化训练

同学们已经了解了英文信件的基本格式，学会了便函的写法、使用场合及排版规范，请大家完成下面的 3 个便函。

1）王教授即将退休，系里要为他举行欢送会，以感谢他 30 多年来在教育战线的辛勤耕耘，请全系教职工参加，时间为星期五晚上 7 点，地点为西苑饭店。请以通知的形式完成。

英文大意：

Professor Wang is about to retire, and the department will hold a farewell party for him to thank him for his hard work on the education front for more than 30 years, and invite all faculty and staff to attend on Friday at 7 p.m. at the XiYuan Hotel.

2）你（Julian Kinderson）正在收集销售报告，准备移交给总部。请给部门经理 Tom Motely 写张便函，时间是 12 月 3 日，包含以下内容：

① 要他在 12 月 10 日前把报告交上来；

② 在他很忙的时候打扰他，不好意思。

英文大意：

You (Julian Kinderson) are collecting sales reports and preparing to hand them over to headquarters. Please write a memorandum to Department Manager Tom Motely on December 3 with the following:

① He has to submit the report by December 10;

② Sorry to disturb him when he is very busy.

3）圣诞节就要到了，本单位准备在圣诞节这天晚 6：00，在"星海国际酒店"三楼举行联谊会，并对业绩突出的职工进行表彰。

英文大意：

Christmas is coming, the unit is ready to hold a networking party on the third floor of the XingHai International Hotel at 6:00 p.m. on Christmas Day and commend the outstanding employees.

任务 2 ▶ 完成英文商务信件的录入练习

随着国际贸易往来业务的增多，英语书信在对外联系业务上起着相当重要的作用。英文商务信函内容要简明扼要，语言切合实际。同学们要掌握文字处理软件 Word 的使用方法，并熟练掌握英文商务信函的排版规范。

任务情境

不久前华为公司收到了一封客户对于适合家庭教育和学习使用的可实现远程打印的打印机的咨询信，并要求寄送一份推荐和供应机器的细目，现回复如下：

感谢来函询问，并很高兴为你效劳。

PixLab V1 打印机是一款优秀的机器，很适宜家庭学习使用。我公司现有该机型存货，能容纳多种规格的纸张。随信附上的小册子，内有详细的说明。

PixLab V1 是一台多种功能打印机。打印、复印、扫描样样精通。PixLab V1 支持 60g ～ 260g 不同厚度、不同材质的文档纸、照片纸、喷墨纸等多种规格纸张打印。

PixLab V1 采用 HarmonyOS 系统，支持"华为打印"微信小程序，稳定又高效；支持的第三方软件多种多样，无需来回切换软件，让打印更便捷。触控面板带有 HuaweiShare 感应区，照片、文档、歌词、日程表、备忘录等，对于想打印的内容，轻轻一碰，即刻完成。

PixLab V1 内部设有双天线，信号接收能力大幅增强，能随时保持连线，远程打印更稳定。2.4GHz&5GHz 双频段网络供选择，响应速率更有保障。独立墨水瓶设计，可整取整换，换墨轻松不脏手。喷头三重防堵设计，让打印机运作更长久稳定。外加墨水成分优化和余墨清理装置，喷头保持畅通，打印质量更有保障。

任务分析

1. 工作思路

根据信中内容，在复信中供应商不但回答了有关的询问，还乘机向客户推销了其他产品，这是商业书信中常见的手法。

译好草稿后，用文字处理软件 Word 录入计算机，并按规范排版并打印。

2. 注意事项

1）内容要简明扼要。

2）开门见山，把要联系的事说得一清二楚。

3）语气婉转，语言切合实际。

知识储备

1. 英文商务信函

商务信函书信是日常生活中常用的文体，是用以交涉事宜、传达信息、交流思想、联络感情、增进了解的重要工具。近年来，随着国际贸易往来业务的增多，英语书信在对外联系业务上起着相当重要的作用。作为工商企业界、科技界以及其他各界的工作人员，都有必要掌握国际通信的基本知识。

2. 英文商务信函的基本要求

1）书信内容要简明扼要地说明问题。

2）写书信时要开门见山地把要联系的事说得一清二楚。

3）语气婉转，既不高傲，也不必过于谦恭。

4）语言要切合实际，不要深奥难懂。

3. 英文商务信函的格式及写法

1）英文商务信函的基本格式与一般的社交书信略有不同，要复杂些，信纸上端都印有单位名称、地址和电话号码，便于收信人联系。

2）商务信函信头（Heading），一般包括写信人的地址和写信日期。商务信函信头的写法主要有并列式和斜列式两种。从目前情况来看，前者更为常用。采用并列式时，每行开头要左对齐；采用斜列式时，每行开头逐次向右移两三个字母的距离。日期，一般写在信头下面的右方，但也有写在中间的。日期的写法英美有所不同。

3）商务信函的信文（Body of the Letter），每段第一行应往右缩进约四五个字母。

4）商务信函除需在信封上写收信人的姓名和地址外，信内还要重复一遍，它的位置在信纸的左上方，低于日期二至四行。

5）商务信函还有一项"事由"，位于信文上方，它的作用是使收信人一看便知道信内的主要内容，即中文格式中的标题。

6）附件在商务信函里也是常见的。凡信内有附件的，尽管信文内已有说明，但在 Initials 下面仍应附注表明附件若干。

7）在写事务性信件时，正文一般开门见山，内容简单明了，条理清楚。

技能点拨

1. 效果展示

商务信件回函的效果展示，如图 2-4-4 所示。

HUAWEI TECHNOLOGIES CO. LTD.

Telephone
Leeds 4000-955-988
25 March,2022

Mr. Ren
Huawei base,
Bantian Street, Longgang District,
Shenzhen, China

Dear Sir,

We thank you for your inquiry and I am glad to be of service to you.

The PixLab V1 printer is an excellent machine for home study. Our existing stock of machines can accommodate a variety of paper specifications. The enclosed booklet contains detailed instructions.

PixLab V1 is a multi-function printer. Proficient in printing, copying,and scanning everything. PixLab V1 supports 60g ～ 260g printing on document paper, photo paper, inkjet paper, etc.PixLab V1 uses HarmonyOS, supports the "Huawei Print" WeChat applet, is stable and efficient, supports a variety of third-party software, no need to switch back and forth software, making printing convenient. Touch panel with HuaweiShare sensor area, photos, documents, lyrics, calendar, memos, web information…… want to print, touch it and it's done.

Pixlab V1 is equipped with two antennas, the signal receiving ability is greatly enhanced, can maintain the connection at any time, and the remote printing is more stable. 2.4 GHz & 5GHz dual-band Network for Choice and better response rate. Independent ink bottle design can be an integral replacement, easy to change ink not dirty hands. The triple anti-blocking design of the nozzle makes the printer run longer and more stable. Add ink composition optimization and residual ink cleaning device, nozzle to keep smooth, print quality more guaranteed.

Yours faithfully,
Sales Manager

图 2-4-4　商务信件回函的效果展示

2. 步骤分析

1）打开 Word 软件，切换输入法，把商务回函的内容录入进计算机。

HUAWEI TECHNOLOGIES CO. LTD.

Telephone
Leeds 4000-955-988
25 March,2022

Mr. Ren
Huawei base,
Bantian Street, Longgang District,
Shenzhen, China

Dear Sir,

We thank you for your inquiry and I am glad to be of service to you.

The PixLab V1 printer is an excellent machine for home study. Our existing stock of machines can accommodate a variety of paper specifications. The enclosed booklet contains detailed instructions.

PixLab V1 is a multi-function printer. Proficient in printing, copying,and scanning everything. PixLab V1 supports 60g ～ 260g printing on document paper, photo paper, inkjet paper, etc.PixLab V1 uses HarmonyOS, supports the "Huawei Print" WeChat applet, is stable and efficient, supports a variety of third-party software, no need to switch back and forth software, making printing convenient. Touch panel with HuaweiShare sensor area, photos, documents, lyrics, calendar, memos, web information…… want to print, touch it and it's done.

Pixlab V1 is equipped with two antennas, the signal receiving ability is greatly enhanced, can maintain the connection at any time, and the remote printing is more stable. 2.4 GHz & 5GHz dual-band Network for Choice and better response rate. Independent ink bottle design can be an integral replacement, easy to change ink not dirty hands. The triple anti-blocking design of the nozzle makes the printer run longer and more stable. Add ink composition optimization and residual ink cleaning device, nozzle to keep smooth, print quality more guaranteed.

Yours faithfully,

Sales Manager

2）选中信头中的公司名称"HUAWEI TECHNOLOGIES CO. LTD."，执行"开始"→"字体"命令，设置字体样式为"Arial，加粗，四号"，在"段落"组中单击"居中"按钮。公司名称设置如图 2-4-5 所示。

图 2-4-5　公司名称设置

3）选中信头中的电话和日期"Telephone Leeds 4000-955-988，25 March, 2022"，执行"开始"→"字体"命令，设置字体样式为"Arial，加粗，小四"，在"段落"组中单击"右对齐"。电话日期设置如图 2-4-6 所示。

图 2-4-6　电话日期设置

4）选中信中正文文字，执行"开始"→"字体"命令，设置字体样式为"小四"；执行"开始"→"段落"→"缩进和间距"→"特殊"→"首行"命令，设置"缩进值"为"2字符"。信文段落设置如图2-4-7所示。

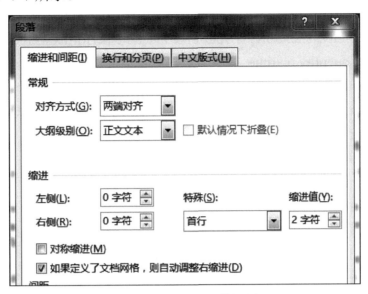

图 2-4-7 信文段落设置

5）选中落款，执行"开始"→"段落"→"右对齐"命令。最后适当调整这两行的右边界。

任务评价

英文商务回函评价表，见表2-4-2。

表 2-4-2 英文商务回函评价表

任 务 内 容	录入速度（字/分钟）	排版完成时间（分钟）	难 易 程 度	完 成 情 况	任 务 成 绩
商务回函			□很难 □有点难 □较容易	□独立完成 □他人帮助完成 □未完成	

强化训练

同学们已经学会了英文商务信件的写法及排版规范，请你以一公司职员的身份完成以下3封商业信件。

1）作为一名自行车经销者，想与厂家索要有关自行车商品及价格的目录，并进行初步洽谈。信函大致内容如下：

请寄来你们的商品目录及当前自行车价目表各一份。我们对男、女、儿童自行车均感兴趣。

我们是本市主要的自行车经销者，在邻近的8个市镇拥有分店。骑自行车在本市很盛行。因此，如果你们的自行车性能良好，售价又公道，我们希望按期定购大量货品。

在这种情况下，你们可否给我们一个特殊折扣？这样会使我们保持售价低廉，这一向是我们的业务得以发展的重要原因之一。这样我们准备每年保证定购不低于一定数目的自行车作为回报，具体数字有待商谈。

英文大意：

Please send a copy of your catalogue and a copy of your current bike price list. We are interested in men's, women's and children's bicycles.

We are the city's main bicycle distributor and have branches in 8 neighbouring municipalities. Cycling is popular in the city. Therefore, if your bike machine performs well and is reasonably priced, we hope to order a large quantity on time.

In this case, can you give us a special discount? This will keep our prices low, which has always been a big reason for our business. In this way, we are ready to guarantee the minimum number of bicycles per year in return. The exact figures are up for negotiation.

2）由于公司业务需要，在国外征召代理商。

大致内容如下：

由于市场对我们所出产的贝雕饰品的需求日渐增加，我们已决定委任代理商处理我们在贵国的出口贸易事宜。我们上次会面时，你曾谈起对代理一事颇感兴趣。我们可着手安排此事。

有迹象表明，我们的特种产品市场前途光明。毫无疑问，一个真正积极的代理商会大大增加我们的产品销路。得悉你在贵国饰物业中经验丰富，与贵国主要客户有联系，我们觉得贵司是担任此项工作的适当人选。我们乐于征聘你们为独家代理。

如你不能接受代理，那就烦你推荐其他可靠且基础良好的代理商，我们可与之接洽。当然，我们还是希望贵行接受。如果你决定接受，请提出贵司愿意作为我们的代理商的条件。

英文大意：

Due to the increasing demand for our shellfish jewelry, we have decided to appoint an agent to handle our export trade in your country. The last time we met, you talked about your interest in representation. We can start making some arrangements for this.

There are signs that the market for our specialty products is promising. There is no doubt that a truly active agent will greatly increase the sales of our products. Knowing that you have extensive experience in your jewellery properties and have contacts with key clients in your country, we feel that your bank is the right person for this job. We are happy to recruit you as exclusive agents.

If you can't accept an agent, then please recommend other reliable and well-established companies, and we can contact them. Of course, we still hope that you accept it personally. If you decide to accept, please put forward the conditions under which your bank is willing to act as our agent.

3）由于公司采购商品迟迟未到，请写一封问责信。

信件大致内容如下：

我们向你处定购照相纸及化学药品，已经两周。你们在 9 月 15 日的来函中承认收到订单，但我们至今未收到交货通知，我们怀疑订单是否被你们忽视。

当你们的代表来访问时，曾允诺尽早交货，这是他说服我们订货的重要因素。延期交货现在给我们带来不便。我们请求你们立即完成交货手续，否则我们将不得不取消该次订单，并到他处购货。

英文大意：

We have been ordering photographic paper and chemicals from you for two weeks. In your letter of 15th September, you acknowledged receipt of the order, but since we have not yet received delivery notice, we suspect that the order was ignored by you.

When your representative came to visit, he promised early delivery, which was an important factor in his persuasion to place an order. Backorders are now inconvenient for us. We ask that you complete the delivery procedure immediately, otherwise,we will have to cancel the order and purchase it elsewhere.

任务 3 完成英文公函信件的录入练习

英文公函信件与一般的社交书信相比，对信封、信纸及内容结构的要求都比较严格，行文要简洁明确，用语要把握分寸。同学们要掌握文字处理软件 Word 的使用方法，并熟练掌握英文公函信件的排版规范。

任务情境

韩梅梅在辽宁省教育厅工作，想在今年十一期间去英国游玩，要申请签证。单位开具相关证明如下：

兹证明韩梅梅（个人护照号 G88888888）为我厅公务员，自 2006 年 7 月起任职至今，工作表现良好；现职法规处副处长，月收入（税后）人民币伍仟伍佰圆（CNY 5,500）。

韩梅梅申请于 2021 年 10 月 1 日至 10 月 7 日自费赴贵国旅游度假，并保证在贵国期间遵守当地法律法规，度假结束后按期返回。我厅已予准假，并为其保留职位及薪金。请贵方协助办理有关签证手续。

如有问题，请联系我厅人事处，电话 ×××××××××。

任务分析

1. 工作思路

1）根据中文证明简明扼要的写出英文样式。

2）译好草稿后，用文字处理软件 Word 完成录入，并按规范排版，打印出来。

2. 注意事项

1）行文简洁明确，用语把握分寸。

2）语气平和有礼。

3）内容针对性，答复明确性，注意时效性。

知识储备

1. 英文公函信件

公函是用于机关、单位之间互相商洽、询问、答复、请求时使用的一种公务性信件，包括国内的，也包括国际的。与一般的书信相比，公函对信封信纸及结构的要求都比较严格，形式也不尽相同。

2. 英文公函信件的基本要求

1）行文简洁明确，用语把握分寸。

2）语气平和有礼，不要倚势压人或强人所难，也不必逢迎恭维、曲意客套。

3）复函，则要注意行文的针对性，答复的明确性。

4）注意时效性，特别是复函更应该迅速、及时。

3. 英文公函的格式及写法

1）英文公函的基本格式与一般的社交书信略有不同，但与商务信函有些相似，信纸上端都印有单位名称、地址和电话号码，便于收信人联系。

2）写信日期的位置，在公函书信中，一般写在信头下面的右方，但也有写在中间的。

3）公函信件除在信封上写收信人的姓名和地址外，信内还要重复一遍，它的位置在信纸的左上方，低于日期二至四行。与商务信函相同。

4）公函的称呼因是写给单位的，应用 Dear Sirs/Madams（英式称呼）或 Gentlemen/Ladies（美式称呼）。

5）公函还有一项"事由"，位于信文上方，它的作用是使收信人一看便知道信内的主要内容，即中文格式中的标题。

6）附件在公函里也是常见的。凡信内有附件的，尽管信文内已有说明，但在 Initials 下面仍应附注表明附件若干。

7）在写事务性信件时，正文一般开门见山，内容简单明了，条理清楚。

技能点拨

1. 效果展示

英文公函信件的效果展示，如图 2-4-8 所示。

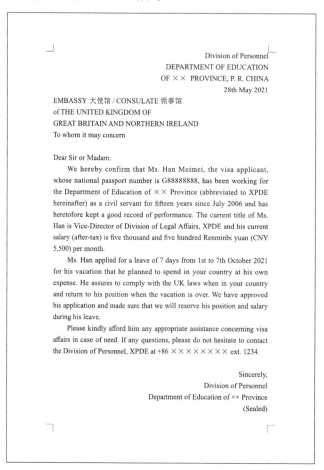

图 2-4-8　英文公函信件的效果展示

2. 步骤分析

1）打开文字处理软件 Word，切换输入法，完成英文信件的录入。信件大致内容如下：

Division of Personnel

DEPARTMENT OF EDUCATION

OF ×× PROVINCE, P. R. CHINA

28th May 2021

EMBASSY 大使馆 / CONSULATE 领事馆

of THE UNITED KINGDOM OF

GREAT BRITAIN AND NORTHERN IRELAND

To whom it may concern

Dear Sir or Madam:

We hereby confirm that Ms. Han Meimei, the visa applicant, whose national passport number is G88888888, has been working for the Department of Education of ×× Province (abbreviated to XPDE hereinafter) as a civil servant for fifteen years since July 2006 and has heretofore kept a good record of performance. The current title of Ms. Han is Vice-Director of Division of Legal Affairs, XPDE and his current salary (after-tax) is five thousand and five hundred Renminbi yuan (CNY 5,500) per month.

Ms. Han applied for a leave of 7 days from 1st to 7th October 2021 for his vacation that he planned to spend in your country at his own expense. He assures to comply with the UK laws when in your country and return to his position when the vacation is over. We have approved his application and made sure that we will reserve his position and salary during his leave.

Please kindly afford him any appropriate assistance concerning visa affairs in case of need. If any questions, please do not hesitate to contact the Division of Personnel, XPDE at +86 ×××××××× ext. 1234.

Sincerely,

Division of Personnel

Department of Education of ×× Province

(Sealed)

2）选中写信人地址及日期"Division of Personnel，DEPARTMENT OF EDUCATION，OF ×× PROVINCE, P. R. CHINA，28th May, 2023"，"开始"选项→"段落"组→"右对齐"。

3）选中收信人地址及称呼"EMBASSY 大使馆 / CONSULATE 领事馆 of THE UNITED KINGDOM OF GREAT BRITAIN AND NORTHERN IRELAND，To whom it may concern，Dear Sir or Madam："，"开始"选项→"段落"组→"左对齐"。

4）选中正文文字，选择"开始"选项→"段落"组右下角折叠按钮，在弹出的对话框下设置→特殊为"首行"，"缩进值"为"2 字符"。段落首行缩进 2 个字符见图 2-4-9。

图2-4-9 段落首行缩进2个字符

5）选中全文，在"开始"选项→"字体"组→字号为"小四"。

任务评价

英文公函评价表，见表2-4-3。

表2-4-3 英文公函评价表

任务内容	录入速度（字/分钟）	排版完成时间（分钟）	难易程度	完成情况	任务成绩
英文公函			□很难 □有点难 □较容易	□独立完成 □他人帮助完成 □未完成	

强化训练

同学们已经学会了英文公函书写的格式及相关事项，请大家将下面的三则公务信件译成英文。并按英文习惯排版。

1）某学院请北京的一位外国专家做学术报告：

承您答应在四月五日星期三给我们作一次讲话。您建议的话题"语言学简史"对我们非常合适。

您到天津可以乘8∶45从北京出发的列车，10∶44到达这里。我会和我们系主任一同到车站接您。这次给您安排的讲座下午三点开始，但是我们首先会送您到天津饭店，也就是我们给您预定好住宿的地方，在那里吃午饭，好好休息一下。然后，我们一同去学院，您就在那里做报告。报告完毕后，我们希望您能赏光和我们一起在前门餐厅吃晚饭。

按照事前的安排，我们将在星期四上午请您参加一次座谈会，希望您回答一些问题。

我们非常盼望见到您。

英文大意：

I promise to give us a speech on Wednesday, April 5th. The topic you suggested, "A Brief History of Linguistics", is very suitable for us.

You can get to Tianjin by taking the 8:45 a.m. High-speed rail from Beijing and arriving here at 10:44 a.m. I will pick you up at the station with our department chair. The lecture will start at 3 p.m., but we will first take you to the Tianjin Hotel, where we have booked your accommodation, where we have lunch and a good rest. Then, we go to the academy together, where you give your presentation. After the presentation, we hope you will enjoy dinner with us at the front door restaurant.

As previously arranged, we will invite you to a panel on Thursday morning and ask you to answer some questions.

We look forward to seeing you.

2）外国某教师写信给我国某学校，自我介绍愿来教学：

现在中华大学工作的乔治教授最近告诉我关于你校拟聘请教师的情况。

我在温哥华已执教四年。我的学生主要是从东南亚新来的移民，他们的英语程度是初学或零点。这学期我在教两个较高级的英语学习班，重点放在口语、阅读和写作上，为的是帮助学生升入大学及谋求工作。由于我十分了解听力和口语能力在语言训练中的极端需要和重要性，所以我非常希望能在你校担任英语教学工作。在以英语为外语的教学中，这将是一个很好的思想交流机会。

如蒙贵校录用，请及早回信，不胜感激。附本人简历一份。

英文大意：

Professor George, who is now working at Zhong Hua University, recently told me about the teachers you plan to hire.

I've been teaching in Vancouver for four years. My students are mainly new immigrants from Southeast Asia who have a beginner or zero level of English. This semester I am teaching two more advanced English classes, focusing on speaking, reading aloud, and writing, in order to prepare students for university and careers. Since I understand the extreme need and importance of listening and speaking skills in language training, I would like to consider myself for an English teaching job at your school. In the teaching method of using English as a foreign language, this will be a great opportunity to exchange ideas.

If you are hired by your school, please reply as soon as possible, we would appreciate it. Attach a copy of my resume.

3）某研究所向美国某研究中心索取资料：

承北京的美国专家介绍，我们得知了你们研究中心的名称和地址并了解到你们是专门研究××××××的，这正是我们目前正在研究的项目，由于我们在这方面经验不足，所以我们对这类的参考资料特别感兴趣。因此，如蒙惠寄一些你们有关这个题目的报告或论文，将不胜感激。

我们也有一些自己关于的这个项目的论文。如果你们对这些论文有兴趣的话，我们很高兴寄给你们作为交换。

英文大意：

Thanks to the American experts in Beijing, we learned the name and address of your research center and knew that you are specialized in ××××××, which is exactly the project we are currently working on, and because of our lack of experience in this area, we are particularly interested in such references. Therefore, I would be grateful if you would send some of your reports or papers on this subject.

We also have some papers of our own for this same project. If you are interested in these papers, we are happy to send them to you in exchange.

任务 4 ▶ 完成英文信封的录入练习

在英文信封上，要把写信人与收信人的姓名、地址写清楚，最好采用斜列式。同学们要掌握文字处理软件 Word 的使用方法，并熟练掌握英文信封的排版规范。

🖉 任务情境

湖北大学英语系的侯教授（Alfred Hou），与住在纽约 Anenue 大街 250 号的 Thomas Matthew Benton 先生为多年好友，常有书信联系。现请你写一信封并打印出来。

🖉 任务分析

1. 工作思路

1）写一信封，写信人与收信人的姓名、地址要写清，最好采用斜列式。

2）写好草稿后，用文字处理软件 Word 完成录入，并按规范排版，打印到信封上。

2. 注意事项

1）信封上的写信人与收信人的位置，写信人在左上，收信人在中央。

2）信封上的称谓要用尊称，但写信人不自称 Mr.、Mrs. 或 Miss。

3）信封上的地址书写要从小到大，写法与中文相反。

4）特殊情况可在信封的左下角注明。

🖉 知识储备

1. 信封的规格

正式信函中信封要用高质量的、洁白的轻磅道林纸。大型的信封高约 10.5 厘米，宽约 24 厘米；小型的信封高约 10 厘米，宽约 17 厘米。私人信函中信封质地、颜色、规格均可自由选择。

2. 信封的写法

1）信封的写法一般采用并列式或斜列式，最好与信内姓名和地址的格式吻合。一般人都喜欢斜列式。

2）收信人的姓名和地址在信封的中央，其顺序和信内姓名、地址相同。

3）写信人姓名和地址写在信封的左上角。邮票贴在右上角。

4）普通私人信件的写信人姓名和地址，原则上以写为宜，可以写在信封的左上角或信封的反面封盖上，也可以省略不写。

5）如果是私人信件或是密信，可以在信封的左下角注明 Private（亲启）、Personal（私函）、Confidential（机密）、Urgent（急件）等字样。

6）如果该信不是一般邮件，可以在信封的左下角注明信件的类别。By Air Mail 或 Par Avion（航空），Air Mail Registered（航空挂号），Express（快件），Registered（挂号邮件），Parcel Post（包裹邮件），Printed Matter（印刷品），Photo Inclosed（内有照片）。

7）写给女子的信件在姓名前加上尊称，如：Mrs.，Miss 或 Ms.；如果她是博士、教授或主席，可以加上 Dr.，Prof. 或 Chairwoman。在正式信函的信封上 Dr. 等缩略形式最好换作 Doctor 等相应全称。

8）给女子写信，不能用其丈夫的头衔来称呼她。如果收信人是一个已婚女子，可在她丈夫姓前加上 Mrs.，如：Mrs. Ridge，即使她丈夫不在人世了，仍然可以这样称她。对于离过婚的女子，可以用 Ms.，再加上她婚前的姓名。如：Ms. Edna Boyce。

9）信封上面一般不用标点符号，除非不用标点可能产生歧义。有时，一行之内的门牌号码与街道号码最好以破折号相隔，如：311—42nd Street。一行之内的区号、城市名、州名等也有必要以逗号相隔，如：New York, 23. N. Y. 。即非必要不用标点。

10）如果人名过长，其中间名可以采用首字母缩略形式，如：写给 Roger Delvin Keyes de Bruf 的信，信封上可以写为 Mr. Boger D. K. de Bruf。

11）写信人不自称 Mr.，Mrs. 或 Miss，但是收信人的姓名前则必须加上尊称 Mr.，Mrs. 或 Miss 以示礼貌。

12）住址的写法与中文相反；英文住址原则上是由小至大，先写门牌号码、街路名称，再写城市、省（州）和邮政区号，最后一行写上国家的名称。

13）信封上的邮政区号（zip code），以五位阿拉伯数字表示，前三位数代表州或都市，后两位数表示邮区。

技能点拨

1. 效果展示

采用斜列式写法的大信封如图 2-4-10 所示，采用斜列式写法的小信封如图 2-4-11 所示。

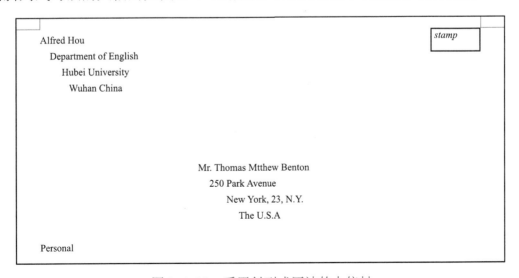

Alfred Hou

Department of English

Hubei University

Wuhan China

stamp

Mr. Thomas Mtthew Benton

250 Park Avenue

New York, 23, N.Y.

The U.S.A

Personal

图 2-4-10 采用斜列式写法的大信封

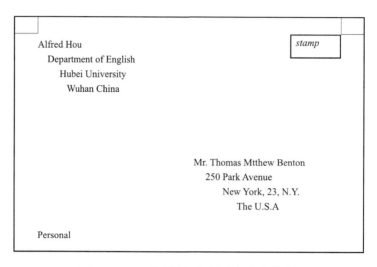

图 2-4-11　采用斜列式写法的小信封

2. 步骤分析

1）打开文字处理软件 Word，切换输入法，完成写信人和收信人的姓名、住址等信息的录入。具体内容如下：

Alfred Hou

    Department of English

        Hubei University

            Wuhan China

Mr. Thomas Mtthew Benton

    250 Park Avenue

        New York, 23, N.Y.

            The U.S.A

Personal

2）设置信封的大小，执行"布局"→"页面设置"→"纸张大小"→"信封 #10"命令，完成大信封纸张设置，如图 2-4-12 所示。拖拽滚动条选择"信封 C6"样式，完成小信封纸张设置，如图 2-4-13 所示。

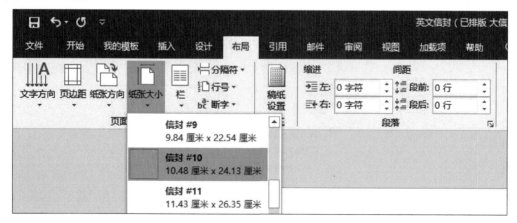

图 2-4-12　大信封纸张设置

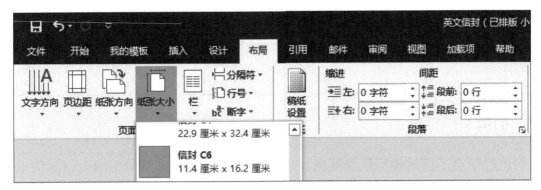

图 2-4-13 小信封纸张设置

现在信封的个性化增强，也可根据需要选择其他样式。

3）设置录入边距，执行"布局"→"页面设置"→"页边距"→"自定义页边距"命令，在弹出的对话框中设置页边距，大信封的页边距设置为："上"为"1 厘米"、"下"为"1 厘米"、"左"为"3 厘米"、"右"为"3 厘米"；小信封的页边距设置为："上"为"1 厘米"、"下"为"1 厘米"、"左"为"2 厘米"、"右"为"2 厘米"。大信封页边距设置如图 2-4-14 所示，小信封页边距设置如图 2-4-15 所示。

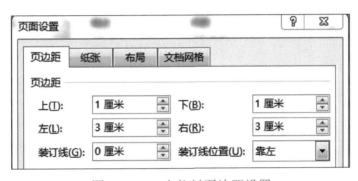

图 2-4-14 大信封页边距设置

图 2-4-15 小信封页边距设置

4）选文字，执行"开始"→"字体"命令，设置字体样式为"宋体，小四，加粗"。

5）选中写信人的文字，依次缩进 2 或 3 个字符。

6）选中收信人的文字，在文本的中央部分，再依次缩进 2 或 3 个字符。

任务评价

英文信封评价表，见表 2-4-4。

表 2-4-4 英文信封评价表

任 务 内 容	录入速度（字 / 分钟）	排版完成时间（分钟）	难 易 程 度	完 成 情 况	任 务 成 绩
英文信封			□很难 □有点难 □较容易	□独立完成 □他人帮助完成 □未完成	

强化训练

同学们已经学会了信封的写法及注意，请同学们按要求完成下面的两个信封的录入及排版工作。

1）多年刻苦学习的你，想自荐参加英国布拉德福德大学（University of Bradford）的入学考试。

2）给在纽约工作多年的同学王励写信。

第5章

中文文档训练营

职业能力目标

1）熟练掌握各种中文文档的录入方法。

2）熟练掌握中文书信的排版规范。

3）熟练掌握中文公文的排版规范。

4）熟练掌握中文经济合同的排版规范。

5）掌握教材书稿的排版规范。

6）掌握学术论文的排版规范。

7）通过本章案例内容的学习，培养学生爱国爱党的民族精神和严谨笃学的学习品质。

同学们已经熟练掌握了中文文章的录入方法。本章主要通过几种常用中文文档的录入与排版练习，让同学们掌握几种常用中文文档的排版规范。

任务 1 ▶ 完成入党申请书的录入练习

申请书是日常生活中最常遇到的一种文书形式。本任务要求同学们熟练掌握 Word 软件的使用方法，并熟练掌握申请书的排版规范。

任务情境

梁晓琴从职校双语文秘专业毕业后，参加工作的几年中，待人诚恳，虚心好学，工作积极主动。她看到单位中党员吃苦在前，享受在后，做事都努力刻苦，便萌生了加入中国共产党的强烈愿望。晓琴想向党组织表达自己的这一意愿，她首先向身边的老党员请教，得知需要向组织递交一份书面申请，也就是入党申请书。

任务分析

1. 工作思路

写入党申请书，首先要明确表达出自己的愿望，然后重点写自己入党的动机、理由，最后表达自己的强烈愿望及决心。

写好草稿后，用 Word 软件录入计算机，并按规范排好版，打印出来，上交单位党支部。

2. 注意事项

1）申请的内容要明确，理由要充分。

2）态度要诚恳，真实表达自己的情感。

3）语气要得体，用请求、商量的口吻。

知识储备

1. 申请书的概念

申请书是下级单位向上级单位或个人向组织表达愿望、提出请求时使用的一种文书。

2. 申请书的种类

申请书种类很多，从用途角度看可分为以下几类：

1）思想政治方面的申请，如申请入党、入团、入会、入队、参军等。

2）工作学习方面的申请，如申请入学、进修、工作调动等。

3）日常生活方面的申请，如申请住房贷款、结婚、开业、困难补助等。

3. 申请书的格式及写法

申请书通常由标题、称呼、正文、结语和落款五部分组成。

（1）标题

申请书的标题写在第一行居中位置，用稍大的字体。可以只写文种"申请书"，也可以由内容加上文种构成，如"入党申请书"。

（2）称呼

另起一行，顶格写上接收申请书的单位或领导，后加冒号，如"×××党支部""×××领导"等。

（3）正文

正文包括以下三项内容：

1）申请内容。向领导、组织提出申请的事项。要直截了当，开门见山。

2）申请理由。说明申请的目的、意义及自己对申请事项的认识。

3）决心和要求。进一步表明自己的决心、态度和要求，以便组织了解申请者的认识和情况，要写得具体、诚恳、有分寸，语言要朴实准确，简洁明了。

（4）结语

在正文后另起一行写结语。结语一般是表示敬意或表示感谢和希望的话，如"此致敬礼""敬请核准""请组织考验"等。

（5）落款

正文右下方署上申请人的姓名，并在下面注明日期。

技能点拨

1. 效果展示

入党申请书的效果展示如图 2-5-1 所示。

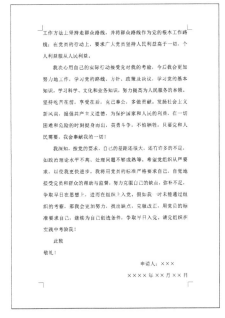

图 2-5-1 入党申请书的效果展示

2. 步骤分析

1）打开 Word 软件，切换输入法，把入党申请书的内容录入进计算机。

入党申请书

×××党支部：

我怀着十分激动的心情向党组织提出申请——我申请加入中国共产党，愿意为美好壮丽的共产主义事业奋斗终生。

我衷心地热爱中国共产党，历史和现实都充分证明：中国共产党是一个伟大、光荣、正确的党，是中国工人阶级的先锋队，是中国各族人民利益的忠实代表，是中国社会主义事业的领导核心。中国共产党始终代表中国先进生产力的发展要求，代表中国先进文化的前进方向，代表中国最广大人民的根本利益，为实现国家和人民的根本利益而不懈奋斗。

从学生年代开始，江姐、刘胡兰、王进喜、雷锋、焦裕禄、孔繁森的先进事迹给了我很大的启迪和教育。我发现他们以及身边许多深受我尊敬的人都有一个共同的名字——共产党员；我发现在最危急的关头总能听到一句话——共产党员跟我上。这确立了我要成为他们中一员的决心。我把能加入这样伟大的党作为最大的光荣和自豪。

参加工作后，在组织和领导的关心和教育下，我对党有了进一步的认识。党是由工人阶级中的先进分子组成的，是工人阶级及广大劳动群众利益的忠实代表。党自成立以来，始终把代表各族人民的利益作为自己的重要责任。在党的路线、方针和政策上，集中反映和体现了全国各族人民群众的根本利益；在工作作风和工作方法上坚持走群众路线，并将群众路线作为党的根本工作路线；在党员的行动上，要求广大党员坚持人民利益高于一切，个人利益服从人民利益。

我决心用自己的实际行动接受党对我的考验，今后我会更加努力地工作，学习党的路线、方针、政策及决议，学习党的基本知识，学习科学、文化和业务知识，努力提高为人民服务的本领。坚持吃苦在前，享受在后，克己奉公，多做贡献。发扬社会主义新风尚，提倡共产主义道德，为保护国家和人民的利益，在一切困难和危险的时刻挺身而出，英勇斗争，不怕牺牲，只要党和人民需要，我会奉献我的一切！

我深知，按党的要求，自己的差距还很大，还有许多的不足，如政治理论水平不高、处理问题不够成熟等。希望党组织从严要求，以使我更快进步。我将用党员的标准严格要求自己，自觉地接受党员和群众的帮助与监督，努力克服自己的缺点，弥补不足，争取早日在思想上，进而在组织上入党。假如我一时未能通过组织的考察，那我会更加努力，找出缺点，克服改正，用党员的标准要求自己，继续为自己创造条件，争取早日入党。请党组织在实践中考验我！

　　　此致
敬礼！

申请人：×××

××××年××月××日

2）选中标题文字，执行"开始"→"字体"命令，设置字体样式为"宋体，加粗，三号"，在"段落"组单击"居中"按钮，如图2-5-2所示。

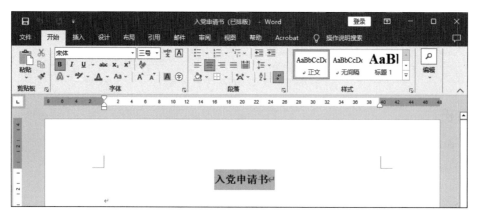

图2-5-2　设置标题文字

3）选中其余文字，执行"开始"→"字体"命令，设置字体样式为"宋体，五号"，如图2-5-3所示。

4）选中正文文字，执行"开始"→"段落"命令，在打开的对话框选择"缩进和间距"→"缩进"→"特殊"→"首行"，"缩进值"为"2字符"，如图2-5-4所示。

图2-5-3　设置字体

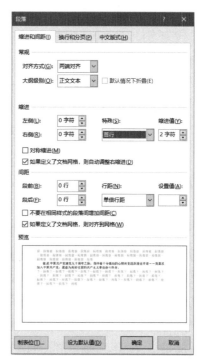

图2-5-4　设置正文段落

5）选中落款的名字及日期，单击"开始"→"段落""右对齐"命令。最后适当调整这两行的右边界。入党申请书的格式设置完成。

任务评价

入党申请书评价表，见表 2-5-1。

表 2-5-1 入党申请书评价表

任 务 内 容	录入速度（字/分钟）	排版完成时间（分钟）	难 易 程 度	完 成 情 况	任 务 成 绩
入党申请书			□很难 □有点难 □较容易	□独立完成 □他人帮助完成 □未完成	

强化训练

同学们已经学会了申请书的写法及排版规范，请大家帮助下面的 3 个朋友完成相应的申请书。

1）李为于 2023 年 1 月进入 ×× 科技有限公司的电子商务部，职位为行政管理员工作。半年来，他严格要求自己，在岗位上尽心尽责，积极肯干，认真、及时地完成每项任务，服从公司的调配。他充分发挥自己良好的沟通、组织、协调和解决问题的能力，把网站的日常事务打理得井井有条。在专业上遇到不懂的问题就虚心向周围的同事请教，颇得同事们的赞赏。现在，半年的试用期已满，根据公司规章制度，他申请转为公司正式员工。请代李为拟写一份申请书，所需相关内容请自行补上。

2）唐小英于 2022 年 7 月进入华南城 ×× 物流公司工作，她家离公司较远，单程乘公交车需要近两个小时。考虑到路上耗时太多，唐小英决定向公司提出中午在公司员工宿舍休息的住宿申请。请你代她拟写这份申请书，所需相关内容请自行补上。

3）在一次外出活动中，张明遗失了身份证。最近，他想报名参加公务员的考试，需要到当地派出所办理一张临时身份证。请你帮他拟写一份申请书，所需相关内容请自行补上。

任务 2 完成中文书信的录入练习

书信是一种常用的应用文，它的种类很多，各种书信的格式大体相同，只是细节各有侧重。本任务要求同学们熟练掌握 Word 软件的使用方法，并熟练掌握书信的排版规范。

任务情境

林春蓉于 2018 年毕业于 ×× 职业技术学校双语文秘专业，毕业后一直在政府 ××× 部门担任文字秘书，有中级秘书证。最近在招聘网站上看到中国 - 东盟博览会秘书处招聘一名文秘，她很希望得到此份工作，所以赶紧写了一封应聘信投寄过去。

任务分析

1. 工作思路

针对招聘岗位，写一封应聘信，介绍自己的情况。首先开门见山地交代写信缘由和应聘职位，然后就职位的要求郑重介绍自己的优势，要有针对性，并附上自己的证书，以求给用人单位留下较深的印象。

写好草稿后，用 Word 软件录入计算机，并按规范排好版，打印出来，附上证书的复印件，装订好，送交应聘单位。

2. 注意事项

1）针对应聘岗位来写应聘信，突出个人的职业能力。

2）联系方式通常写在署名的前面，而附件放在日期的下面。

3）对自己的能力要做出客观、公允的评价，要着重介绍自己应聘的有利条件，特别突出自己的优势和"闪光点"，给对方留下深刻印象。

4）求职信、应聘信不要用复印件，如果招聘者没有说明亲笔书写，则可以用打印件。

5）可以随信寄去贴好邮票、写好地址和姓名的空信封，使对方便于答复。

知识储备

1. 书信的概念

书信是人们以文字交流思想感情、交谈事务或互通信息的一种应用文。

2. 书信的种类

书信种类很多，有一般书信、表扬信、感谢信、介绍信、证明信、求职信、应聘信、推荐信等，各种书信的格式大体相同，只是细节各有侧重。本书仅以应聘信为例进行介绍。

3. 应聘信的格式及写法

应聘信的结构通常由标题、称呼、正文、结尾、落款、附件等部分构成。

（1）标题

第一行居中书写"应聘信"。

（2）称呼

标题下面一行顶格写收信者单位名称或个人姓名。单位名称后可加"负责同志"；个人姓名后可加"先生""女士""同志"等。在称谓后加冒号。如果是写给既有职衔又有官衔的，一般以其高者、尊者称呼。

（3）正文

正文是写作的重点，形式多种多样，要求说明以下内容：

1）交代应聘缘由（信息来源）和写信目的（应聘岗位）。

2）介绍自己的身份和个人基本情况。

3）写学业成绩和所获得的荣誉。

4）写自己的能力、特长和性格特征。

5）写获准录用后的打算。

6）最后再次强调求职愿望或希望对方给予答复的期盼。

（4）结尾

写上敬语，如"此致敬礼"等。在结尾处应写明自己的详细通信地址、邮政编码、联系电话和电子信箱等。

（5）落款

署名和日期写在正文的右下方。日期用阿拉伯数字书写，年、月、日应写全。

（6）附件

如有学历证书、荣誉证书、技能证书等复印件作为附件，需在落款的左下方注明。

➤ 技能点拨

1. 效果展示

应聘信的效果展示如图 2-5-5 所示。

图 2-5-5　应聘信的效果展示

2. 步骤分析

1）打开 Word 软件，切换输入法，把应聘信的内容录入进计算机。

应聘信

中国—东盟博览会秘书处：

　　近日上招聘网站，得知贵处招聘文秘一名，十分欣喜。我 2018 年毕业于 ×× 职业技术学校双语文秘专业。在校期间已经具备了扎实的专业基础知识，熟悉涉外工作常用礼仪；具备较好的英语、日语的听、说、读、写、译能力；能熟练操作计算机办公软件。毕业后在政府 ××× 部门担任文字秘书，有中级秘书证。因我具有五年秘书工作经验，自信能胜任贵处的秘书工作，特自荐应聘。

随函寄上本人简历及各种证书复印件。恭候复函。我的联系电话：×××××××××××；联系地址：本市 ××× 路 ××× 号；邮政编码：×××××××。

　　此致
敬礼！

申请人：×××

2023 年 ×× 月 ×× 日

2）选中标题文字，执行"开始"→"字体"命令，设置字体样式为"隶书，加粗，二号"，在"段落"组单击"居中"按钮，如图 2-5-6 所示。

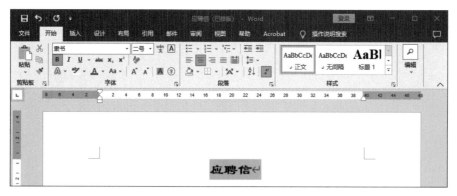

图 2-5-6　设置标题文字

3）选中其余文字，执行"开始"→"字体"命令，设置字体样式为"楷体 _GB2312，四号"，如图 2-5-7 所示。

4）选中正文文字，执行"开始"→"段落"命令，在打开的对话框选择"缩进和间距"→"缩进"→"特殊"→"首行"设置"缩进值"为"2 字符"，如图 2-5-8 所示。

图 2-5-7　设置字体

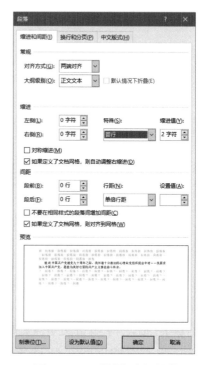

图 2-5-8　设置正文段落

5）选中落款的名字及日期，执行"开始"→"段落"→"右对齐"。最后适当调整这两行的右边界。应聘信设置完成。

任务评价

中文书信评价表，见表 2-5-2。

表 2-5-2 中文书信评价表

任 务 内 容	录入速度（字 / 分钟）	排版完成时间（分钟）	难 易 程 度	完 成 情 况	任 务 成 绩
中文书信			□很难 □有点难 □较容易	□独立完成 □他人帮助完成 □未完成	

强化训练

中文书信种类很多，已经学习了应聘信的写法。下面请大家试一试完成下面几个书信任务。

1）《××晚报》上刊登了一则招聘启事，请根据此招聘启事，拟写一封应聘信。（友情提示：应聘信是用于获知用人单位公开招聘职位的情况下自荐求职的信函。因此，应聘信的目标明确，针对性强，要根据用人单位的需要有侧重地介绍自己的专业特长及应聘的理由。）

招聘启事

××科技有限公司因业务发展需要，向社会公开招聘计算机管理工作人员 2 名，男女不限。要求：

1．计算机专业毕业，持有计算机网络管理员（中级）证。

2．年龄：30 岁以下。

3．具有计算机管理相关经验 2 年以上。

4．报名者须携带相关资料、身份证、个人简历及学历证书。

报名时间：2022 年 8 月 28 日前有效。

报名地址：××市××路××号

2）李婷婷是××职校物流管理专业的学生，今年即将毕业，她知道为了推进泛北部湾合作与开发，广西已启动北部湾（广西）经济区的规划与建设，成立北部湾（广西）经济区规划建设管理委员会，以港口建设为龙头，以发展沿海工业为重点，以基础设施建设为保障，以南宁、北海、钦州、防城港城市群为依托，努力将该区域打造成为中国与东盟的区域性物流基地、商贸基地、加工制造基地和信息交流中心。所以她希望毕业后能到北部湾经济区工作，请按求职信的写作要求为她拟写一封求职信。（友情提示：求职信是不知道用人单位是否需要聘人的情况下自荐求职。因此，求职信对自己的介绍应是全面的，信可以向多个单位、多个部门寄送。）

3）张保立是南宁××职业技术学校计算机应用专业的学生，将于 2022 年 7 月毕业。他性格开朗，善于沟通，具有创新精神。在校期间，他学习刻苦，成绩优秀，获得两次一等奖学金、两次二等奖学金，还取得了计算机高级操作员证书和计算机网络管理员（中级）证书。他担任学生会宣传部长期间，因工作认真出色，被评为南宁市优秀学生干部。2020 年和 2021 年两年，他代表南宁参加全区计算机网络搭建比赛，获得了一等奖的好成绩。2021 年他在××网络有限公司实习，积累了不少网络管理的经验。现在，他想去××计算机有限公司应聘。班主任韦皓然知道他的想法后，也觉得张保立适合去××计算机有限公司发展，愿意写一封推荐信给该公司。请代韦皓然老师拟写这封推荐信。（友情提示：写推荐信要尊重事实，客观公正地向用人单位提供被推荐人的真实情况。推荐信里一般包含了请求的意思，写推荐信的目的在于能推荐成功，所以语言要简洁明快、文明有礼。）

任务3 ▶ 完成公文类通知的录入练习

通知是使用频率最高的应用文文种之一，书写要符合公文格式的写作要求。本任务要求同学们熟练掌握 Word 软件的使用方法，并熟练掌握公文类通知的排版规范。

⟹ 任务情境

时至年底，治安形势严峻。近一段时间以来，县里某些单位和乡镇在机关值班和安全保卫方面出现了一些问题。针对这些情况，县委办公室、人民政府办公室就进一步加强值班、做好机关安全保卫工作提出了具体的要求。

林春蓉在县委办公室上班，现领导要求她代拟一份《关于加强机关值班、加强机关安全保卫工作的通知》。

⟹ 任务分析

1. 工作思路

（公文类）通知首先要明确写出发此通知的目的和通知内容所适用的范围、对象，然后做出具体规定。要做到条理清晰，要求明确。

写好草稿后，用 Word 软件录入计算机，并按规范排好版，打印出来，并印发、抄报或抄送给有关单位。

2. 注意事项

1）通知的条理要清晰，通知事项要具体明白。

2）要注意词义的轻重及适用范围。如通知中常用的"遵照""按照""依照""参照"等词，这些词都是表达"依据"的意思，但其词义的轻重及适用范围不同，使用时应掌握分寸。一般来说，非常重要的文件，用"遵照"执行；较为重要的文件，用"按照"或"依照"执行；需要学习或借鉴经验的用"参照"执行。

⟹ 知识储备

1. 公文的概念

公文全称为公务文书，是指行政机关在行政管理活动中产生的，按照严格的、法定的生效程序和规范的格式制定的具有传递信息和记录作用的载体。国家行政机关公文文体主要有命令（令）、决定、公告、通告、通知、通报、议案、报告、请示、批复、意见、函、会议纪要 13 个种类。

2. 通知的概念

通知是批转下级公文，转发上级或不相隶属机关公文、发布规章、传达事项，要求有关单位和人员周知、办理或执行时普遍使用的文种。通知具有广泛性、周知性和时效性的特点。通知按内容，可分为批示性通知、指示性通知、会议通知、任免通知和一般性通知等。

3. 通知的格式及写法

通知的结构一般由标题、发文字号、受文单位、正文、落款、主题词、抄报或抄送等几部分组成。

（1）标题

标题一般由发文机关名称、事由和文种名称构成，如"上海市教育委员会关于严格规范中等职业学校帮困助学经费发放工作的通知"。若用带文件头的公文专用纸，标题中可省略发文单位名称。

（2）发文字号

发文字号由发文机关代字、发文年度号和发文顺序号三部分构成。如果是联合通知，应以主办单位的字号发文。写在标题之下正中的位置。

（3）受文单位

受文单位顶格写在正文前一行。

通知发文对象比较广泛，因此，主送机关较多，要注意主送机关排列的规范性。

（4）正文

一般由缘由、事项和结尾三部分组成。

1）缘由部分是通知的开头，需简要写明通知的原因、目的或发布通知的根据。

2）事项部分是通知的内容，包括所发布的指示、安排的工作、提出的方法、措施和步骤等。

3）结尾部分常用"特此通知，望认真执行"或"本通知自×月×日起实行"等语句以示强调。有的通知可不写结尾。

（5）落款

落款一般包括发文机关名称、发文日期和公章三项内容。若带有文头的通知，也可在此省去发文机关名称。这一部分位于正文末尾的右下方，末尾要缩进四格。

（6）主题词

将公文的中心内容概括为相应的主题概念，一般用规范化的名词或名词性词组加以表达。每件公文的主题词一般有 3 ～ 5 个，最多不超过 7 个，写在落款之下、抄送（报）栏之上，顶格写。

（7）抄报或抄送

这部分应根据通知的内容而定。若通知的内容除受文单位外，还有必要让其他单位知道，就需写明抄报或抄送单位。对上级机关用"抄报"，对下级或平级机关用"抄送"。抄报、抄送分别占一行，靠左空一格写。

4. 公文排版的格式要求

公文用纸规定用 A4 型纸，公文一律采用从左到右横写、横排的格式。公文的排版规则：正文用 4 号仿宋体字，一般每面排 22 行，每行排 28 个字。

公文标题一般采用 2 号宋体字居中排布；主送机关一般在标题下空 2 行，左侧顶格用 4 号仿宋体字标识，回行时仍顶格，最后一个主送机关名称后标全角冒号；正文是公文的主体部分，正文应置于主送机关下一行，用 4 号仿宋体字，每自然段首行缩进两个字符，回行顶格；成文时间一般置于正文右下方，字体、字号与正文相同，具体的上下文位置依印章来定，左右位置由字数来定。

技能点拨

1. 效果展示

公文类通知的效果展示如图 2-5-9 所示。

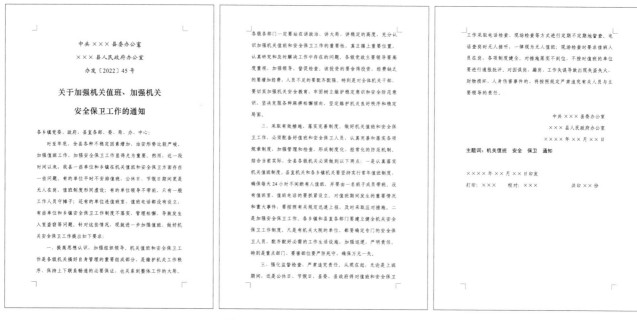

图 2-5-9 公文类通知的效果展示

2. 步骤分析

1）打开 Word 软件，切换输入法，把《关于加强机关值班、加强机关安全保卫工作的通知》的内容录入进计算机。

中共 ××× 县委办公室

××× 县人民政府办公室

办发〔2022〕45 号

关于加强机关值班、加强机关安全保卫工作的通知

各乡镇党委、政府，县直各部、委、局、办、中心：

时至年底，全县各种不稳定因素增加，治安形势比较严峻。加强值班工作，加强安全保卫工作显得尤为重要。然而，近一段时间以来，我县一些单位和乡镇在机关值班和安全保卫方面存在一些问题。针对这些情况，现就进一步加强值班、做好机关安全保卫工作提出如下要求：

一、提高思想认识，加强组织领导。机关值班和安全保卫工作是各级机关搞好自身管理的重要组成部分，是维护机关工作秩序、保持上下联系畅通的必要保证，也关系到整体工作的大局。各级各部门一定要站在讲政治、讲大局、讲稳定的高度，充分认识加强机关值班和安全保卫工作的重要性，真正将安保摆上重要位置，认真研究并及时解决工作中存在的问题。各级党政主要领导要高度重视，加强领导，督促检查。该投资的要舍得投资，经费缺乏的要增加经费，人员不足的要配齐配强。特别是对全体机关干部，要切实加强机关安全教育，牢固树立维护稳定意识和安全防范意识，坚决克服各种麻痹松懈倾向，坚定维护机关良好秩序和稳定局面。

二、采取有效措施，落实完善制度。做好机关值班和安全保卫工作，必须配备好值班和安全保卫人员，认真完善和落实各项规章制度，加强管理和检查，形成制度化、经常化的防范机制。结合当前实际，全县各级机关必须做到以下两点：一是认真落实机关值班制度。县直机关和各乡镇机关要坚持实行常年值班制度，由一名班子成员带班，确保每天 24 小时不间断有人值班。没有值班室、值班电话的要抓紧设立。对值班期间发生的重要情况和重大事件，要按照有关规定迅速上报并及时采取应对措施。二是加强安全保卫工作。各乡镇和县直各部门要建立健全机关安全保卫工作制度。凡是有机关大院的单位，都要确定专门的安全保卫人员，配齐配好必需的工作生活设施，加强巡逻，严明责任。特别是重点部门、要害部位要严防死守，确保万无一失。

三、强化监督检查，严肃追究责任。从现在起，无论是上班期间，还是公休日、节假日，县委、县政府将对值班和安全保卫工作采取电话检查、现场检查等方式进行定期不定期地督查。电话查岗时无人接听，一律视为无人值班；现场检查时要求值班人员在岗，各项制度健全。对措施落实不到位、不按时值班的单位要进行通报批评。对因误岗、漏岗、工作失误导致出现失盗失火、财物损坏、人身伤害事件的，将按照规定严肃追究有关人员与主要领导的责任。

中共 ××× 县委办公室

××× 县人民政府办公室

×××× 年 ×× 月 ×× 日

主题词：机关值班　安全　保卫　通知

×××× 年 ×× 月 ×× 日印发

打印：×××　　　　　校对：×××　　　　　　　　　　　共印 ×× 份

2）设置的纸张大小，执行"页面布局"→"页面设置"→"文档网格"→"网格"→"指定行和字符网格"命令，设置"行"为每页"22"，设置"字符数"为每行"28"，如图 2-5-10 所示。

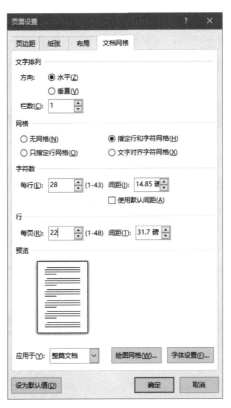

图 2-5-10　设置页面

3）选中发文机关文字，执行"开始"→"字体"命令，设置字体样式为"楷体 _GB23/2，四号"，在"段落"组单击"居中"按钮，如图 2-5-11 所示。

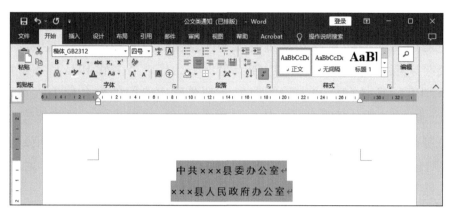

图 2-5-11　设置发文机关文字

4）选中发文字号，执行"开始"→"字体"命令，设置字体样式为"宋体，四号"，在"段落"组单击"居中"按钮。

5）选中标题文字，执行"开始"→"字体"命令，设置字体样式为"宋体，加粗，二号"，在"段落"组单击"居中"按钮。若标题较长，可分段，分成梯形排列，如图 2-5-12 所示。

关于加强机关值班、加强机关
安全保卫工作的通知

图 2-5-12　梯形排列效果

6）选中标题文字，执行"开始"→"段落"→"缩进和间距"→"间距"命令，设置"段前"为"1 行"，如图 2-5-13 所示。

7）选中受文单位文字，执行"开始"→"字体"命令，设置字体样式为"仿宋体，四号"。

8）选中正文文字，执行"开始"→"字体"命令，设置字体样式为"仿宋体，四号"，执行"开始"→"段落"→"缩进和间距"→"缩进"，设置"特殊"为"首行"，"缩进值"为"2 字符"，如图 2-5-14 所示。

图 2-5-13　设置段前间距

图 2-5-14　段落首行缩进 2 字符

9）选中落款文字，执行"开始"→"字体"命令，设置字体样式为"仿宋体，四号"，在"段落"组单击"居中"按钮。最后适当调整这几行的右边界。

10）选中主题词文字，执行"开始"→"字体"命令，设置字体样式为"黑体，四号"。

11）选中抄报、抄送单位文字，执行"开始"→"字体"命令，设置字体样式为"仿宋体，四号"。通知设置完成。

任务评价

公文类通知评价表，见表 2-5-3。

表 2-5-3　公文类通知评价表

任 务 内 容	录入速度（字/分钟）	排版完成时间（分钟）	难 易 程 度	完 成 情 况	任 务 成 绩
公文类通知			□很难 □有点难 □较容易	□独立完成 □他人帮助完成 □未完成	

强化训练

公文类通知的写法及排版规范比较严格，同学们要多加练习才能很好地掌握。一般性通知在日常生活中更为常见，同学们可以试完成以下几个任务。

1）根据《广西壮族自治区党委、广西壮族自治区人民政府关于全面实施职业教育攻坚的决定》（桂发〔2007〕32 号）精神，为激励中等职业学校学生勤奋学习、努力进取，帮助其顺利完成学业，自治区人民政府决定从 2008 年起设立自治区人民政府中等职业教育奖学金（以下简称"中等职业教育奖学金"），对品学兼优的中等职业学校全日制在校学生进行奖励。2023 年广西继续开展此项中等职业教育奖学金评选活动。经各中等职业学校选拔、推荐，经财政、教育部门审核，批准 ××××职业学校韦×× 等 5000 名学生获得中等职业教育奖学金，并颁发自治区统一印制的奖励证书。政府希望获奖学生再接再厉，不断取得新的成绩，为将来服务社会打下扎实的基础；希望各级教育部门、各待业主管单位继续指导各中等职业学校，坚持以就业为导向，推动职业教育改革与发展，培养更多社会经济发展需要的技能型人才。

请根据上述材料，代拟一份《关于公布荣获 2023 年自治区人民政府中等职业教育奖学金的中等职业学校优秀学生名单的通知》。

2）×× 公司由于有工人受伤而没买任何保险，人事部现强调工厂里所有的工人都要购买社保。具体内容是：新进公司的员工，一年转正定级后，由公司统一办理社保。现在由员工自己缴纳社保费，缴费收据上交到公司人事部门。为保证员工的合法权益，公司将以现金的形式给予补偿，每月每人补人民币 × 元，体现在个人的工资里。

请根据上述材料，代公司人事部拟一份通知。（在本单位、本部门内，经常会有一些临时性的事情要告知大家，一般性通知就是这样一种很实用的文种。一般来说，它只包括标题、正文、落款 3 个部分。正文内容写清对象、时间、地点、告知的内容及要求就可以了。）

3）市政府在日前召开了安全工作会议，为了贯彻市政府安全工作会议精神，总公司决定召开 2023 年度安全生产工作会议，需要通知各分公司、各厂的车队队长和修理厂厂长参加。会议时间：2 月 28 日，会期一天。报到时间：2 月 27 日至 2 月 28 日上午 8 点前。报到地点：总公司招待所 208 号房，联系人：李仁亮。各分公司、各厂报送的经验材料，要求打印 30 份，并于2月20日前报送公司技安科。

假定你是总公司办公室的科员，请根据上述材料，代拟定一份会议通知。

任务4 ▶ 完成经济合同的录入练习

经济合同的签订必须符合国家的政策、法规，格式要完备、规范。本任务要求同学们熟练掌握 Word 软件的使用方法，并熟练掌握经济合同的排版规范。

━ 任务情境

陈星明毕业后，应聘到一家培训机构担任计算机培训教师，苦于上班地点太远，交通成了困扰他的大难题。星明了解到，培训中心的许多老师也存在相同的问题。他们经过与培训中心协商，提出了解决的办法，双方就此签订了有关交通问题的合同。

━ 任务分析

1. 工作思路

写经济合同，标题说明合同性质，开篇写清签订合同依据，合同标的要明确，要写出合同当事人共同设定的内容，明确经济责任和法律责任等。格式应完备、规范。

写好草稿后，用 Word 软件录入计算机，并按规范排好版，认真校对，没有错误后打印出来，签订双方签字盖章。

2. 注意事项

1）签订的合同必须符合国家的政策、法规，必须按经济法规办事，否则，即使双方同意，也不能生效。

2）合同的条款，一定要写完全，写具体，写明确。

3）合同一般不可涂改，若合同上写错或漏字，在修改和补充处要加盖印章，以示负责。甲方保存的涂改处，由乙方盖章；乙方保存的涂改处，由甲方盖章。

━ 知识储备

1. 合同的概念

合同是两个或两个以上的当事人之间为实现一定的目的，明确彼此权利和义务的书面协议。

2. 合同的格式及写法

合同的格式有3种，即表格式、条款式、表格条款综合式。不论哪种格式，一般都具有标题、正文和落款3个部分。

（1）标题

合同的标题，一般只表明合同的性质，即表明合同的种类，如"买卖合同""建设工程合同"。其位置写在第一行中间。

（2）正文

正文是明确签订者之间权利和义务的内容，必须认真推敲。合同的内容一般分为：标的、数量和质量、价款或酬金、履行的期限、地点和方式、违约责任等。

开头先写签订合同当事人的名称（单位）或者姓名（个人），一般应空两格分行并列。单位名称必须是法定的全称，不能使用简称、代称。为行文方便，可将当事人注明"甲方"或"乙方"。

其次，简明扼要地说明签订合同的目的和依据，如"为了……，经双方协议，订立下列条款，以资共同恪守"。

最后，写合同的具体条款。用条款式或表格式写出合同当事人共同设定的内容，写明经济责任和法律责任等。

（3）落款

在正文右下方写明双方单位的全称或经办人的姓名，并分别盖上公章和私章。如需要有上级领导机构证明的，则在下面要写明双方上级并加盖公章。最后，在署名的正下方用汉字注明正式签订合同的日期。

技能点拨

1. 效果展示

经济合同的效果展示如图 2-5-15 所示。

 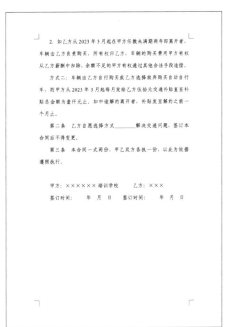

图 2-5-15　经济合同的效果展示

2. 步骤分析

1）打开 Word 软件，切换输入法，把合同的内容录入进计算机。

合同

甲方：××××××培训学校

乙方：×××

根据甲方业务发展的实际情况，甲方决定逐步解决签约教师的交通问题，现甲乙双方就购买电动自行车（以下简称车辆）及保管、使用和车辆的所有权归属问题，遵循平等自愿、诚实信用的原则，签订本合同。

第一条 解决签约教师的交通问题，现甲方提出两种方式：

方式一：车辆由甲方全额出资购买，车辆的所有权归甲方所有，车辆由乙方负责保管，在甲方同意的情况下，乙方有使用权并负责车辆的维修、保养及由此产生的费用。乙方同意在2023年3月、4月、5月、6月，每月从薪酬中扣除贰佰元作为保证金，车辆的购买单价在扣除上述保证金后的金额，从2023年7月开始每月从薪酬中扣除伍拾元作为保证金，当乙方所交保证金总额等于车辆购买单价时，车辆所有权自动转为乙方所有，甲方并一次性奖励乙方壹仟元，作为给乙方的交通补贴。

1．如乙方所交保证金少于车辆购买单价时，因乙方保管不慎将车辆丢失，甲方不再负责购买新车，并有权从乙方薪酬中扣除剩余的保证金。但如乙方从2023年3月起共计在甲方任教满两年，可从甲方一次性领取壹仟元交通补贴。

2．如乙方从2023年3月起在甲方任教未满期两年即离开者，车辆由乙方负责购买，所有权归乙方，车辆的购买费用甲方有权从乙方薪酬中扣除，余额不足的甲方有权通过其他合法手段追偿。

方式二：车辆由乙方自行购买或乙方选择放弃购买自动自行车，则甲方从2023年3月起每月发给乙方伍拾元交通补贴直至补贴总金额为壹仟元止。如中途解约离开者，补贴发至解约之前一个月止。

第二条 乙方自愿选择方式_____解决交通问题，签订本合同后不得变更。

第三条 本合同一式两份，甲乙双方各执一份，以此为依据遵照执行。

甲方：××××××培训学校   乙方：×××

签订时间：　　年　月　日   签订时间：　　年　月　日

2）选中标题文字"合同"，执行"开始"→"字体"命令，设置字体样式为"黑体，加粗，三号"，在"段落"组单击"居中"按钮，如图2-5-16所示。

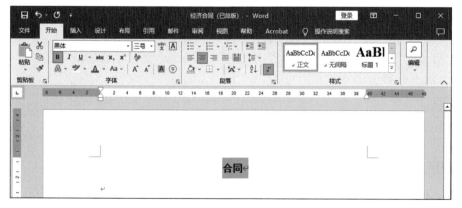

图2-5-16 设置标题字体及段落对齐方式

3）选中标题文字"合"，执行"开始"→"字体"→"高级"→"字符间距"命令，设置"间距"为"加宽"，磅值为"20磅"，如图2-5-17所示。

4）选中签订合同当事人双方文字，执行"开始"→"字体"命令，设置字体样式为"仿宋体，四号"。

5）选中其余正文文字，执行"开始"→"字体"命令，设置字体样式为"仿宋体，四号"。执行"开始"→"段落"→"缩进和间距"→"缩进"命令，设置"特殊"为"首行"，"缩进值"为"2 字符"，如图 2-5-18 所示。

图 2-5-17　设置字符间距

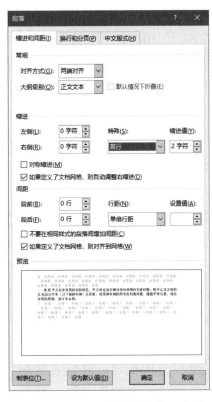

图 2-5-18　段落首行缩进 2 字符

6）选中落款文字，执行"开始"→"字体"命令，设置字体样式为"仿宋体，四号"。最后适当调整这两行中间的空格，以使其整行能排在左右边界内。合同设置完成。

任务评价

经济合同评价表，见表 2-5-4。

表 2-5-4　经济合同评价表

任 务 内 容	录入速度（字/分钟）	排版完成时间（分钟）	难 易 程 度	完 成 情 况	任 务 成 绩
经济合同			□很难 □有点难 □较容易	□独立完成 □他人帮助完成 □未完成	

强化训练

同学们已经学会了经济合同的写法及排版规范，请大家帮助下面的 3 个朋友完成相应的合同。

1）××××茶叶公司代表农兴玲与清香茶场代表颜涛于 2023 年 2 月签订了一份茶叶买卖合同，具体货物是清香特级茉莉花茶，数量为 1000kg，价格为 380 元/kg，由茶场直接送往公司，运费由茶场负责，检验合格后，公司于收货 10 天内通过银行托付货款。茶叶必须用塑料袋内装，外用纸板箱封装，包装费由茶厂负责。双方约定，在正常情况下，如拒不交货或拒付货款都需要处以货款 20% 的罚金；如迟交或迟付款，则每天处罚货款 3 万的滞纳金；如数量不足，则以不足部分的货款计赔，并仍按 20% 处罚；如质量不合格，则重新酌价或退货。

本合同由××县工商行政管理所鉴证。

请根据上述材料，代拟这份买卖合同，如认为缺少项目的可酌情补上。

2）王伟为××市解放路64号301室产权所有人，安徽籍外来经商人员李仁亮（身份证号码：3425291976××××××××；户籍地址：××县城××镇巴别乡巴别街68号）要租住解放路64号301室，用做生活居住，租金经双方约定为人民币2500元/月，租期暂定为1年（2023年3月12日至2024年3月11日），租金每3个月交付一次，约定为每季度末月交，首次交付时另付相当于2个月租金的5000元作为押金。

王伟负责办好房屋租赁许可证，如发生设备自然损坏，影响正常生活达一周以上，免缴房屋租金1个月。李仁亮答应保护好居室内的原有设备（空调、电视、燃气热水器、电热水器、全自动洗衣机），对于人为损坏的酌情赔偿；每季按约定时间将租金转入王伟指定的银行账户，按月在指定期限内付清物业管理费和水、电、燃气等费用，如发生延误造成王伟信用污点的，罚没1个月的租金。双方应遵守义务，如发生纠纷，按双方约定的方法解决。双方于2023年3月11日签订合同，当日电表、燃气表、水表上抄得的数字分别为1869、911、323。

请根据上述材料，代拟这份租赁合同，如认为缺少项目的可酌情补上。

3）××××商场（甲方）代表黄其节同志，于2023年1月27日与××果园（乙方）代表卢有进同志签订了一份合同。双方在协商中提到：甲方今年购买乙方出产的芒果5t、龙眼10t和荔枝10t。要求每种水果在八成熟采摘后，一星期内分3批交货，由乙方负责用纸板箱包装并及时运至甲方所在地；其包装费用和运费均由甲方负责。各类水果的价格，视质量好坏，按国家规定的当地收购牌价折算。货款在每批水果交货当日通过银行托付。如因突然的自然灾害未能交货，乙方应事先通知甲方，并互相协商修订合同。在正常情况下，如果甲方拒绝收购，应处以不足部分价款的10%的罚金。这份合同一式4份，双方各执一份，各自的上级单位备案一份。

请根据上述材料，代拟这份买卖合同，如认为缺少项目的可酌情补上。

任务 5　完成教材书稿的录入练习

教材书稿的编写要求简练易懂，使用标准技术语言和术语写作。本任务要求同学们熟练掌握 Word 软件的使用方法，并熟练掌握教材书稿的排版规范。

➡ 任务情境

江悦所在的出版社最近要出版一批教材。因为时间比较紧，江悦又是文秘专业毕业的，领导非常信任她，便把教材的编辑、排版、审校的重担交给她，由她组织人员完成此项工作。

➡ 任务分析

1. 工作思路

时间紧，任务重。江悦组织大家紧张而有序地开展工作。江悦等人首先把书稿录入计算机，再进行排版，然后还要进行细致的审校工作，最后才能付印书稿。

2. 注意事项

1）教材的语言应简练易懂，使用标准技术语言和术语写作，避免口语化。

2）不要使用 Word 的自动编号功能，避免给后期的排版工作造成不必要的麻烦。

3）为了提高排版的效率，在排版的过程中，优先考虑使用"样式"。

知识储备

1. 教材的定义

教材是由 3 个基本要素，即信息、符号、媒介构成，用于向学生传授知识、技能和思想的材料。

教材的定义有广义和狭义之分。广义的教材指课堂上和课堂外教师和学生使用的所有教学材料，例如，课本、练习册、活动册、故事书、补充练习、辅导资料、自学手册、幻灯片、照片、卡片、教学实物等。教师自己编写或设计的材料也可称为教学材料。另外，计算机网络上使用的学习材料也是教学材料。总之，广义的教材不一定是装订成册或正式出版的书本。凡是有利于学习者增长知识或发展技能的材料都可称为教材。狭义的教材就是教科书。教科书是一个课程的核心教学材料。从目前来看，教科书除了学生用书以外，几乎无一例外地配有教师用书，很多还配有练习册、活动册以及配套读物、挂图、卡片、音像带等。

2. 教材的种类

教材分为文字教材和音像教材。文字教材又分为主教材、导学教材和专题教材。音像教材又分为录像教材和录音教材。

3. 教材书写要求

1）教材书稿的语言应简练易懂，使用标准技术语言和术语写作，避免口语化。

2）教材书稿包括内封、彩插（如若需要）、内容简介、前言、目录、正文、附录、参考文献。

3）教材书稿的编写要求：五个"连续"（章节序号、表号、图号、公式号、页码要连续）；六个"统一"（格式、层次、名词术语、符号、代号、计量单位要统一）；七个"对应"（目录与正文标题、标题与内容、文与图、文与表、呼应注与注释内容、图字代号与图注、全书前后的内容要对应）。

4. 教材排版规范

1）在教材页面设置中，纸张大小以 16 开、32 开、大 32 开最为常见。具体要求参考出版社的印刷需要。

2）一般教材常用章、节、小节编写层次。其中标题层次不宜过多过繁，一般以 4 ~ 5 级为宜。层次的多少可根据教材篇幅大小、内容繁简确定。内容简单、篇幅小的，可适当减少层次。标题的最后不要加任何标点符号，也不能继续书写内容和解释。

3）正文内容放在标题下，使用段落缩进两个字符方式开始。正文要采用"两端对齐""单倍行距"的输入方式（行距不要用"最小值"）。

4）正文中汉字使用五号、常规、宋体；西文使用 Time New Roman 字体（包括数字、标题、图注等），字号与汉字字号一致。

技能点拨

1. 效果展示

教材书稿的效果展示如图 2-5-19 所示。

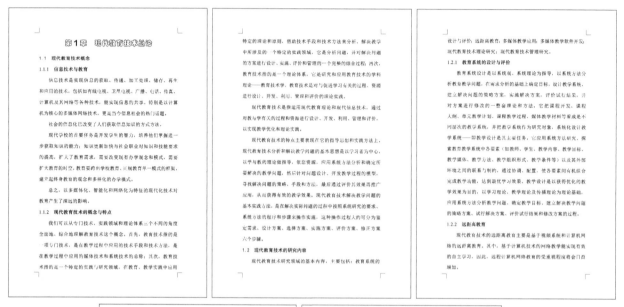

图 2-5-19　教材书稿的效果展示

2. 步骤分析

1）打开 Word 软件，切换输入法，把教材书稿的内容录入进计算机。

第 1 章　现代教育技术总论

1.1　现代教育技术概念

1.1.1　信息技术与教育

信息技术是实现信息的获取、传递、加工处理、储存、再生和应用的技术，包括如有线电视、卫星电视、广播、电话、传真、计算机及其网络等各种技术，能实现信息的共享。特别是以计算机为核心的多媒体网络技术，更是当今信息社会的热门话题。

社会的信息化已改变了人们获取信息知识的方式方法。

现代学校的首要任务是开发学生的智力，培养他们掌握进一步获取知识的能力；知识更新加快与社会职业对知识和技能要求的提高，扩大了教育需求，需要改变现有办学观念和模式，需要扩大教育的时空，教育要跨出学校教育、正规教育单一模式的框架，建立起终身教育的观念和多样化的办学模式。

总之，以多媒体化、智能化和网络化为特征的现代化技术对教育产生了深远的影响。

1.1.2 现代教育技术的概念与特点

我们可以从专门技术、实践领域和理论体系三个不同的角度全面地、综合地理解教育技术这个概念。首先，教育技术指的是一项专门技术，是在教学过程中应用的技术手段和技术方法，是在教学过程中应用的媒体技术和系统技术的总称；其次，教育技术指的是一个特定的实践与研究领域，在教育、教学实践中应用特定的理论和原则，借助技术手段和技术方法来分析、解决教学中所涉及的一个特定的实践领域，它是分析问题，并对解决问题的方案进行设计、实施、评价和管理的一个完整的综合过程；再次，教育技术指的是一个理论体系，它是研究和应用教育技术的学科理论——教育技术学，教育技术是对与促进学习有关的过程、资源进行设计、开发、利用、管理和评价的理论实践。

现代教育技术是指运用现代教育理论和现代信息技术，通过对教与学有关的过程和资源进行设计、开发、利用、管理和评价，以实现教学优化和理论实践。

现代教育技术的特点主要表现在它的指导思想和实践方法上。现代教育技术分析和解决教学问题的基本思想是以学习者为中心，以学与教的理论做指导，依靠资源，应用系统方法分析和确定所要解决的教学问题，然后针对问题设计、开发教学过程的模型，寻找解决问题的策略、手段和方法，最后通过评价其效果再推广应用，从而获得有效的教学效果。现代教育技术解决教学问题的基本实践方法，是在解决实际问题的过程中按照系统研究的要求、系统方法的程序和步骤来操作实施，这种操作过程大约可分为鉴定需求、设计方案、选择方案、实施方案、评价方案、修正方案六个步骤。

1.2 现代教育技术的研究内容

现代教育技术研究领域的基本内容，主要包括：教育系统的设计与评价；远距离教育；多媒体教学应用；多媒体教学软件开发；现代教育技术理论研究；现代教育技术管理研究。

1.2.1 教育系统的设计与评价

教育系统设计是以系统观、系统理论为指导，以系统方法分析教育教学问题，在需求分析的基础上确定目标，设计教学系统，建立解决问题的策略方案，实施解决方案，评价试行结果，并对方案进行修改的一整套理论和方法。它把课程开发、课程大纲、单元教学计划、课程教学过程、媒体教学材料等看成是不同层次的教学系统，并把教学系统作为研究对象，系统化设计教学系统——即教学设计是其主要任务。它应用系统方法研究、探索教育教学系统中各要素（如教师、学生、教学内容、教学目标、教学媒体、教学方法、教学组织形式、教学条件等）以及其外部环境之间的联系与制约，通过协调、配置，使各要素间有机组合完成教学功能，达到最优学习效果。教学设计是以获得优化的教学效果为目的，以学习理论、教学理论及传播理论为理论基础，应用系统方法分析教学问题、确定教学目标、建立解决教学问题的策略方案、试行解决方案、评价试行结果和修改方案的过程。

1.2.2　远距离教育

现代教育技术的远距离教育主要是基于视频系统和计算机网络的远距离教育。其中，基于计算机技术的网络教学能实现有效的自主学习，因此，远程计算机网络教育的受重视程度将会日益增加。

1.2.3　多媒体教学应用

多媒体教学应用包括从多种视听媒体的综合运用到计算机多媒体的教学运用，它涵盖了各种媒体的教学特性、应用模式和方法等。利用各种媒体，特别是多媒体计算机进行教学将日益普遍，课堂教学或学生学习的质量和效率得到提高，课堂教学将实现现代化。

1.2.4　多媒体教学软件开发

在教育心理学特别是学习心理理论指导时，着重从教学应用的角度出发的多媒体课件、网络教学资源、网络课程以及与学科密切结合的、教师使用十分方便的教学平台的开发与研究，整合了各方的力量，使多媒体教学软件的易用性、适用性等都得到大大提高。

1.2.5　现代教育技术理论研究

现代教育技术的理论研究主要是学科的性质、任务、概念、研究方法与相关学科的关系等的研究。

1.2.6　现代教育技术管理研究

现代教育技术管理研究主要是现代教育技术硬件和软件资料的管理方法，有关现代教育技术的方针、政策、组织机构、专业设置等。

1.3　现代教育技术的发展

1.3.1　现代教育技术的发展

现代教育技术的发展从一个教学改革实践中的运动——视听教学运动到形成一个专门的实践领域——应用现代教育技术解决实践问题的领域，进而发展为一门学科——现代教育技术学，大约经历了80多年的历史。在这期间，现代教育技术的名称也几经演变。

1.3.2　教育技术的发展趋势

随着数字化多媒体技术更成熟，多媒体系统的操作使用更方便；学习资源开发的力度将大大加强，多媒体数字信息纷呈，学习资源更丰富；基于Internet网络环境的教育体制和模式的建立与完善，教育技术理论基础的研究得到更普遍重视；人工智能在教育中的应用研究更深入使教育技术的教学应用模式更多样化。

2）设置的纸张大小，执行"页面布局"→"页面设置"→"页边距"命令，设置"页边距"的上下左右均为"2厘米"。在"纸张"选项卡中，选择"纸张大小"为16开（18.4×26厘米）。设置页边距如图2-5-20所示，纸张设置如图2-5-21所示。

3）执行"开始"→"样式"命令，在"样式"任务窗格中单击"新建样式"按钮，如图2-5-22所示。

4）以正文为基准样式，新建样式"一级标题"，内容设置：字体为华文彩云，字号为二号，加粗，居中显示，如图2-5-23所示。然后设置教材书稿中章标题"第1章　现代教育技术总论"为此样式。

5）以正文为基准样式，新建样式"二级标题"，内容设置：字体为黑体，字号为三号，加粗，两端对齐，段落首行缩进2字符，如图2-5-24所示。然后设置教材书稿中节标题"1.1现代教育技术概念""1.2 现代教育技术的研究内容""1.3 现代教育技术的发展"为此样式。

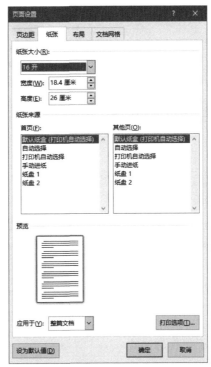

图 2-5-20 设置页边距   图 2-5-21 纸张设置   图 2-5-22 样式任务窗格

图 2-5-23 一级标题样式   图 2-5-24 二级标题样式

6）以正文为基准样式，新建样式"三级标题"，内容设置：字体为宋体，字号为小四，加粗，左对齐，段落首行缩进 2 字符，如图 2-5-25 所示。然后设置教材书稿中三级标题"1.1.1 信息技术与教育""1.1.2 现代教育技术的概念与特点""1.2.1 教育系统的设计与评价"等为此样式。

7）以正文为基准样式，新建样式"教材正文"，内容设置：字体为宋体，字号为五号，左对齐，段落首行缩进 2 字符，如图 2-5-26 所示。然后设置教材书稿中所有正文文本为此样式。教材书稿设置完成。

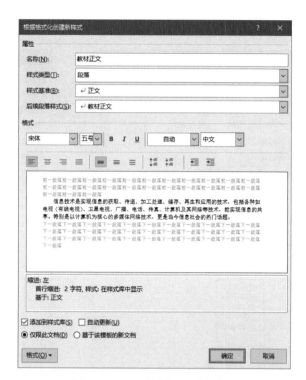

图 2-5-25　三级标题样式　　　　　图 2-5-26　教材正文样式

任务评价

教材书稿评价表，见表 2-5-5。

表 2-5-5　教材书稿评价表

任 务 内 容	录入速度（字/分钟）	排版完成时间（分钟）	难 易 程 度	完 成 情 况	任 务 成 绩
教材书稿			□很难 □有点难 □较容易	□独立完成 □他人帮助完成 □未完成	

强化训练

同学们已经学会了教材书稿的排版规范，请大家完成下面两个教材书稿的排版任务。

1）录入本教材的第 1 章，按教材规范进行排版，并认真校对。

2）录入以下文本，按教材规范进行排版，并认真校对。

第 1 章　专业学习导航

1.1　梦想从这里起航

中央广播电视大学现代远程开放教育的学习是以学生为主导，教师为辅助的学导结合的教学。

1.1.1　远程教育的学习

远程教育的学习特别强调自主学习、协作学习与团队学习。

1.1.2　我要飞！我要飞得更高！

确定好合适自己的目标；了解自己所处的学习环境；做好计划是实现目标的保证；坚定信心是航行的动力；不畏困难才能有所收获；把握今天就是收获明天。

1.2　明确目标，做好规划

1.2.1　认识自己，把握未来

认识自己：只有了解了自身的境况，你才有可能处理、协调好各种因素，并改善它。

1.2.2　个人学习计划制订

制订个人学习计划的建议：学习计划不是制订给老师看的，更不是用来装潢门面的，而是指导自己学习行为的准则。学习计划包括：专业学习计划、学期学习计划和课程学习计划。

1.2.3　学习策略和方法

合理利用教学要素组合，有效进行学习；多方获取学习资源，发展学习能力；学习技巧 SQ3R 的阅读方法。

第 2 章　走进计算机世界

2.1　昨天的历史——计算技术的发展

2.1.1　电子计算机史前史

计算技术的萌芽期；工业革命中发展起来的机械式计算机；工业时代的机电计算机。

2.1.2　电子计算机的诞生和发展

20 世纪电子计算机诞生了。ENIAC 的诞生宣告了人类从此进入电子计算机时代。从类型上看，计算机正向巨型化、微型化、网络化和智能化这几个方向发展。

2.1.3　计算机软件的发展

计算机软件的发展受到应用和硬件发展的推动和制约。反之，软件的发展也推动了应用和硬件的发展。

2.2　今天的世界——独领风骚的计算机

计算机及其应用已渗透到社会的各行各业，正在改变着人们传统的工作、学习和生活方式，推动着社会的发展，显示出"无所不在，无所不能"的威力。

2.2.1　无处不在的计算机

现代信息技术正对我们的工作、学习、日常生活以及社会带来深刻的影响与变革。例如，生活的梦想在信息时代实现；交通管理的电子眼；人类的朋友——智能机器人；数字化娱乐引人入胜；数字化时代的新生活。

2.2.2　威力无比的计算机

目前，计算机的应用可概括为以下几个方面：科学与工程计算；信息处理；过程控制；计算机辅助系统；基于计算机的多媒体技术；计算机通信和网络应用；人工智能。

2.3　明天更美好——前途无量的信息技术

20 世纪中期，没有人预见到计算机的发展速度如此迅猛、如此超出人们的想象。

2.3.1　器件技术的发展与影响

计算机中最重要的核心部件是集成电路芯片，芯片制作技术的不断进步是几十年来推动计算机技术发展的最根本的动力。

2.3.2　让计算资源像水电一样好用：漫谈网络技术

网络与目前 Web 的主要区别是，Web 对 Internet 上的主页资源提供了共享和一致访问，但是在主页形式下，人们还不能很好地共享网络上的软硬件资源；而网络则是对网络上重要资源（软硬件资源）提供了柔性的、高性能的共享访问，使得我们能够像使用水电一样方便地使用网络上的软硬件资源，而不必知道这个水是哪个水厂出来的，也就是通过网络创建一个强大的超级虚拟计算系统。

2.3.3　让计算服务像空气一样透明：无处不在的普适计算

Internet 应用的兴起使计算模式继主机计算和桌面计算之后进入一种全新的模式，这就是普适计算模式。这种新的计算模式强调把计算机嵌入到人们日常生活和工作环境中，使用户能随时随地更方便地访问信息和得到计算的服务，就像我们随时随地享受空气一样可以随时自然地去享受计算服务，感受计算的服务无处不在，就如同"林中漫步"一样惬意。

2.3.4　计算技术领域的爱情主题：人工智能

在计算技术领域，对人类智能的探究始终是一代代科学家和幻想家的梦想和追求。人工智能科学的正式提出是1956年，但是对于人类智能的模拟和研究，则是从远古时代就开始了。

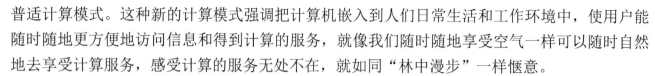

任务6　完成学术论文的录入练习

学术论文的排版有严格的格式要求。本任务要求同学们熟练掌握 Word 软件的使用方法，并熟练掌握学术论文的排版规范。

◯ 任务情境

陈芳远在一个科研单位的文印室工作，科研部门比较注重论文的发表，经常有同事拿着论文来录入和排版，芳远总是热情地接下并又快又好地完成任务。

◯ 任务分析

1. 工作思路

由于学术论文排版有严格的格式要求，为了不出纰漏，需要查阅相关资料，最好把格式要求打印出来，以便随时核对。另外，稿件投到不同的报纸杂志，各报纸杂志又有些特别的规定，要根据他们各自的要求进行调整。

2. 注意事项

中国国家标准化管理委员会颁布有《学位论文编写规则》（GB/T 7713.2—2022）和《科技报告编写规则》（GB/T 7713.3—2014）以及《信息与文献　参考文献著录规则》（GB/T 7714—2015），可以按照这些标准来进行操作。

◯ 知识储备

1. 学术论文的概念

学术论文简称论文，是指用来进行科学研究和描述科学研究成果的文章。国家标准 GB/T 7713—1987 对学术论文所做的定义："学术论文是某一学术课题在实验性、理论性或观测性上具有新的科学研究成果或创新见解和知识的科学记录；或是某种已知原理应用于实际中取得新进展的科学总结，用以提供学术会议上宣读、交流或讨论；或在学术刊物上发表；或作其他用途的书面文件。"

2. 学术论文的种类

按功能划分，学术论文分为研究论文和考核论文。考核论文又分为课程论文、学年论文、毕业论文、学位论文。其中，学位论文又包括学士学位论文、硕士学位论文和博士学位论文。

3. 学术论文的特点

1）独创性。不是单纯的知识传播和普及常规性的知识讲解。

2）科学性。揭示事物发展的客观规律，从客观实际出发，具有现实意义，事实、事物、事件真实客观，不带个人偏见，不主观臆断，以最充分、确实有力的论据作为立论依据，论证严谨而充分，富有逻辑效果，是深层的专业理论知识。

3）创新性。对研究对象经过周密观察、调查、分析研究，从中发现别人过去没发现过或没分析过的问题；在综合别人认识基础上进行创新，包括：选题新、方法新、资料新。

4）学术性（理论性）。遵循客观规律，讲究科学真实性。

5）可读性。忌玩弄辞藻。

4. 一般学术论文的框架结构

投稿论文的结构一般由题目、署名、前言、正文、结论、注释或参考文献等几部分组成。学位论文的结构稍复杂一些，一般包括：题目、署名、目录、内容摘要、关键词、正文、参考文献、附录、致谢等部分。以下就学术论文的主要部分加以说明。

（1）题目

题目是论文内容的概括，要求准确、简练、醒目、新颖。论文标题要用二号黑体字，居中排列。

（2）署名

作者名用小四号仿宋体字，居中排列；单位名称用小五号宋体字，居中排列。

（3）目录

目录是论文中主要段落的简表（短篇论文不必列目录）。目录要用五号宋体字，固定行间距 15 磅。

（4）内容摘要

摘要是文章主要内容的摘录，要求短、精、完整。一般研究论文的摘要字数少可几十字，多不超过 300 字为宜。学术论文的摘要可在 500 ～ 1000 字之间。摘要的标题用小五号黑体字，摘要的正文用小五号宋体字，固定行间距 15 磅。

（5）关键词

关键词是从论文的题名、摘要和正文中选取出来的，是对表述论文的中心内容有实质意义的词汇。关键词是用做计算机系统标引论文内容特征的词语，便于信息系统汇集，以供读者检索。每篇论文一般选取 3 ～ 8 个词汇作为关键词，另起一行，排在"摘要"的左下方。关键词的标题用小五号黑体字，关键词的正文用小五号宋体字，固定行间距 15 磅。

（6）正文

1）引言。引言又称前言、序言和导言，用在论文的开头。引言一般要概括地写出作者意图，说明选题的目的和意义，并指出论文写作的范围。引言要短小精悍、紧扣主题。

2）论文正文。正文是论文的主体，正文应包括论点、论据、论证过程和结论。主体部分包括以下内容：①提出问题——论点；②分析问题——论据和论证；③解决问题——论证方法与步骤；④结论。

正文用五号宋体字，段落首行缩进 2 个字符，固定行间距 15 磅。

（7）参考文献

一篇论文的参考文献是将论文在研究和写作中可参考或引证的主要文献资料，列于论文的末尾。参考文献应另起一页，参考文献的标题用四号黑体字，居中排列，单倍行间距。参考文献正文应按照 GB/T 7714—2015《信息与文献　参考文献著录规则》进行标注。排版时用小五号宋体字，左对齐排列，单倍行间距。

技能点拨

1. 效果展示

学术论文的效果展示如图 2-5-27 所示。

图 2-5-27　学术论文的效果展示

2. 步骤分析

1）打开 Word 软件，切换输入法，把论文的内容录入计算机。

教师信息素养的提升

一韦

××市××职业技术学校

内容提要：信息素养是信息社会人的整体素养的一部分，在信息素养培养中，教师充当着重要的角色，教师的信息素养被认为是构成学校综合实力的重要元素。本文就如何提升教师信息素养提出了自己的观点。

关键词：教师　　信息素养　　提升

21 世纪，人类正以惊人的速度走出工业文明，进入一个通信和技术伟大变革的信息技术时代。随着信息技术的高速发展，多媒体、网络开始走进社会生活的各个领域，并对教育产生了冲击性的影响。教育信息化在给教育变革和发展带来契机的同时，也带来了严峻的挑战。

信息素养是信息社会人的整体素养的一部分，信息素养的培养关系到人们如何立足于信息化社会这一基本点。在信息素养培养中，教师充当着重要推动力和先锋的角色，教师的信息素养被认为是构成学校综合实力的重要元素。在这一教育信息化大背景下，如何提升教师信息素养成了大家所关注的问题。

教师信息素养的提升是教师专业化发展的主要环节。提高教师的信息素养，是一种累积式的结果，绝非是一朝一夕能完成的，需要长期的过程。我校在对教师进行培训的过程中，取得了一些经验。

一、良好的环境促进教师信息素养提升

学校为教育技术的应用加大硬件的投入，创造了良好的物质环境，同时也创造了一个良好的人文环境。领导、同事以及家人的支持和鼓励，学校硬件环境和软件资源的配备，再加上家庭硬件环境的跟进，教师具备了较好的外部环境，有利于信息素养，特别是信息意识情感的提升。

二、高效务实的培训有利于教师信息素养提升

（一）根据教师特点开展培训

接受培训的教师是已走上工作岗位的成人，他们有不同于在校青年学生的心理发展特点与学习特点。其心理发展特点是：对事物的感知具有较高的概括性、准确性；对事物的注意有较强的预期性与目的性，而且以有意注意为主；对知识的机械识记能力较弱，但记忆的深度和广度强，有意义理解识记力强；思维能力较强，尤其是抽象、概括、批判力方面有独特的优势。因而在进行培训内容设置时，要结合教师的实践经验，避免单纯记忆为主的内容，而且要给教师的反思认识提供余地。教师的学习特点是：以功利性目标的学习为主；注重实用而轻视理论；学习的接受力强；学习过程容易受外界干扰。这些特点表明，内容设置时不但要考虑难易程度，不使教师的学习有挫败感以至应付差事、放弃学习；还要考虑培训内容相对集中、结合其实际教学，增强其应用理论的自信心，增强学习的成功感，以促进今后的继续学习。

（二）培训内容、方式的选择

对教师的培训重要的一环是对内容的选择，"技术培训的内容最好有所区别"。教师的信息技术水平参差不齐，技术水平较高的教师集中在青年教师中，这部分教师一般缺少教学经验；而有丰富教学经验的教师却对信息技术很陌生。对教师培训内容的选择应该在深入调查的基础上综合考虑，注意培训的针对性和时效性。根据学校的实际需要，以教师的工作需要为培训基础，使教师所学到的教学技能和理论能迅速地与教学实践相结合，转化为教育生产力。

经过几年的探索实践，学校对教师信息技术的培训，已由初期的单纯技术技能培训转入教育观念的更新与技能提高相结合的培训；由独立的专题性培训转入连续的、有计划的分级提高的培训。这种以技术培训为突破口，以教学业务培训为核心，以实践锻炼为载体的培训方式取得了一定的成效。以技术操作为主的培训内容，对教师的信息化教学设计和教学实施能力不能起到有意义的影响，或者说，解决基本的信息素养是信息化专业知识能力发展的第一阶段，对于像我校这样已经完成了技术扫盲的国家级重点职业学校，需要及时更新教师培训的内容和方

式，将重点转移到以信息化的教学设计和实施为主的方向来。结合课例培养教师的教学设计技能，结合教学实际，用任务驱动的方式来学习。"任务驱动"强调学习活动必须与任务或问题相结合。让教师在真实的教学情境中带着任务来学习，以探索问题的解决方法来驱动和维持教师学习的兴趣。

（三）从培训走向学习

信息技术培训使教师的知识技能有所提高，但这是远远不够的，随着信息社会的发展，培训的知识技能逐渐不能适应信息社会教育的需要。因此，要想达到教师培训的高境界——从培训走向学习，必须改变传统的培训概念与观念。不能认为培训是知识技能从专家向受训者单向传递的过程，这样即使受训者学到丰富的知识技能，随着信息社会的发展，也不能满足工作的需要。而学习是发自学习者内心的需要，它能发挥每一位学习者的全部热情和潜能，使每一位受训者都变成培训的积极参与者与组织者。因此，我们必须超越培训，从培训走向学习，让受训教师成为一个能自我调整、自我强化、自我完善和终身学习的人。教师通过培训，要使自己具备终身学习的能力，实现终身化学习。所以，教师信息技术培训不是目的，而是教师走向终身学习的一种手段，培训是学习的初级阶段，从培训走向学习才是根本目的。

三、在教学实践中提升教师信息素养

作为国家级重点职业学校的教师，主要的技术应用障碍已经不再是基本的信息素养，而是怎样将已经掌握了的基本的技术操作应用到教学实践中去。教师非常关注甚至了解当前的信息化教学研究成果，并应用来设计自己的教学。但也有老师表示虽然了解，但无从应用到自己的教学中。这涉及信息化的教学设计，特别是信息化的教学实施，更是教师技术整合的薄弱环节。即使教师能够熟练地使用多媒体教学工具，但如果不能发挥多媒体的优势，还是会影响教学效果。因此，应把教师自身的课堂讲授能力以及课堂教学的设计水平放在第一位。

积极开展信息技术与学科教学整合。落实信息技术整合实效性的关键和主要途径是教师在系统教学设计基础上的校本实践，而帮助或引导教师结合校本实践，持续提高信息技术整合水平是提升教师信息素养的重要突破口。教师遵循"教学设计——校本教学实践和教学研究——反思评价并改进教学设计方案——新的教学设计——新的教学实践和教学研究"的校本实践路线，可以不断提高自己的"整合"能力，并借此提升自己的信息素养水平。学校应多提供课堂观察、教学实习的机会，让老师接触到技术与课程整合的范例、各种可用的技术资源，练习使用技术开展教学设计和教学传递，把技术作为学习和解决问题的工具。使教师练习使用技术支持指导和管理学生学习的过程及教学过程。

四、在教育管理与科研实践中提升教师信息素养

我们身处信息社会，学校的信息化建设已经全面铺开。当被信息技术包围，我们唯有调整自己以适应环境。学籍管理、成绩管理、与学生的思想交流等，当所有的工作都已离不开信息技术时，在完成日常琐碎工作的过程中，信息素养不再是一个抽象的概念，而内化为教师的自身素质。

校园网的开通与频繁使用，使得教师之间、处室之间的工作更多地借助于网络。学校信息的发布、通知的下达、试卷的传递、各处室与教研组的网页制作与上传……经常地使用网络让教师获益匪浅，不仅使得操作熟练，而且通过对于各种信息资源的获取、加工、处理以及信息工具的掌握和使用积累了不少经验。

随着学校信息化建设的发展，教师们信息技能的提高，教师在实施了整合设计的课堂实践

后，已能够对应用信息技术于教学进行一定的评价与反思。对结合学科教学进行信息技术应用的研究趋于自觉，而且自觉充分利用信息技术学习业务知识，发展自身的业务能力。

五、在生活实践中提升教师信息素养

同行、同事以及师生间的交流协作、相互帮助、相互指导、共同学习等方式，都有利于信息素养的提升。教师能从互助和讨论中获得信息化的知识、经验和思维方式上的益处。

六、反思是教师信息素养提升的催化剂

没有反思的经验是狭隘的经验，至多只能是肤浅的认识。教师应清醒地反思自己在信息技术与学科教学整合中的教学行为，并不断提高反思的深度。反思整个教学过程，学生的的反应是否和设想的一致？信息技术的应用是否达到了预期的效果？怎样才能做到更好？当教师把教育教学活动本身作为意识的对象，不断地进行审视、深思、探究与评价时，可以有效唤醒教师的主体意识，强化了教师信息素养提升的内在动力，提高教育教学的效能。对教师信息素养提升起到很好的催化作用。

教育观念的转变：教育观、教学观、学习观和评价观，均与信息素养密切相关，信息资源获取机会的均等使教师不再拥有控制知识的"垄断权"，教师工作重点将不再是分发信息，那种"教师对学生"（以单项信息传递为主）的师生关系将转换为"教师与学生"（以双向交流、碰撞为主），甚至是"伙伴——伙伴"（互为信息的提供者、思维的启发者）的关系。为此，教师必须在面对知识高度增长的现实、学习方式变化的情况下不断完善自我，在教育教学实践中，充分运用信息技术资源有意识地与教学进行整合，不断将吸取、顺应、反思和提升的策略融入，在不懈追求中获得提升。

参考文献：

[1] 王吉庆. 信息素养论 [M]. 上海：上海教育出版社，2002.

[2] 姜德照，衣学勇. 中小学骨干教师信息技术能力的缺憾与培训对策 [J]. 教育信息化，2005（1）：50-51.

[3] 李钦涛. 学校如何抓好广大教师的信息技术校本培训 [J]. 信息技术教育，2003（2）：29-30.

2）选中标题文字"教师信息素养的提升"，执行"开始"→"字体"命令，设置字体样式为"黑体，二号"，在"段落"组单击"居中"按钮，如图 2-5-28 所示。

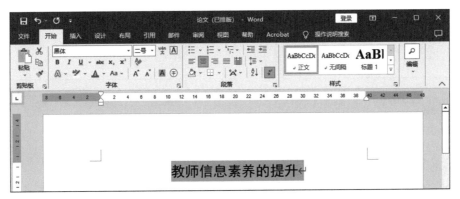

图 2-5-28　设置标题字体及段落对齐方式

3）选中署名中的作者，执行"开始"→"字体"命令，设置字体样式为"仿宋体，小四号"，在"段落"组单击"居中"按钮。

4）选中署名中的单位，执行"开始"→"字体"命令，设置字体样式为"宋体，小五号"，在"段落"组单击"居中"按钮。

5）选中内容摘要中的标题，执行"开始"→"字体"命令，设置字体样式为"黑体，小五号"，选中内容摘要中的正文，设置字体样式为"宋体，小五号"。

6）选中内容摘要的所有文字，执行"开始"→"段落"→"缩进和间距"→"常规"命令，设置"对齐方式"为"两端对齐"。

7）选中内容摘要的所有文字，执行"开始"→"段落"→"缩进和间距"→"缩进"命令，设置"特殊"为"首行"，"缩进值"为"2字符"。设置"行距"为"固定值"，设置值为"15磅"，如图2-5-29所示。

8）选中关键词中的标题，执行"开始"→"字体"命令，设置字体样式为"黑体，小五号"，选中关键词中的正文，设置字体样式为"宋体，小五号"。

9）选中关键词的所有文字，执行"开始"→"段落"→"缩进和间距"→"常规"命令，设置"对齐方式"为"左对齐"。

10）选中关键词的所有文字，执行"开始"→"段落"→"缩进和间距"→"缩进"命令，设置"特殊"为"首行"，"缩进值"为"2字符"。设置"行距"为"固定值"，设置值为"15磅"，如图2-5-30所示。

图2-5-29　设置内容摘要的段落格式　　　图2-5-30　设置关键词的段落格式

11）选中论文的正文文字，执行"开始"→"字体"命令，设置字体样式为"宋体，五号"。

12）选中论文的正文文字，执行"开始"→"段落"→"缩进和间距"→"缩进"命令，设置"特殊"为"首行"，"缩进值"为"2字符"。设置"行距"为"固定值"，设置值为"15磅"。

13）选中参考文献中的标题文字，执行"开始"→"字体"命令，设置字体样式为"黑体，四号"，在"段落"组单击"左对齐"按钮。

14）选中参考文献中的正文文字，执行"开始"→"字体"命令，设置字体样式为"宋体，小五号"。在"段落"组单击"左对齐"按钮。

15）选中参考文献的所有文字，执行"开始"→"段落"→"缩进和间距"→"缩进"命令，设置"特殊"为"首行"，"缩进值"为"2字符"。设置"行距"为"单倍行距"，如图2-5-31所示。论文设置完成。

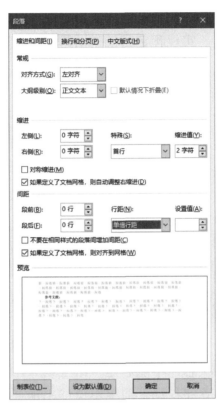

图 2-5-31　设置参考文献的段落格式

任务评价

学术论文评价表，见表2-5-6。

表 2-5-6　学术论文评价表

任 务 内 容	录入速度（字/分钟）	排版完成时间（分钟）	难 易 程 度	完 成 情 况	任 务 成 绩
学术论文			□很难 □有点难 □较容易	□独立完成 □他人帮助完成 □未完成	

强化训练

同学们已经学会了学术论文的录入及排版规范，请大家帮助下面的两位老师完成相应的论文。

1）请录入下面这篇论文，并按规范进行排版。

根据青少年意志的特点进行录入技能教学

韦忠坚

××市××职业技术学校

内容摘要：在教学过程中，依据青少年意志的特点，调整教学的步骤方法，能取得良好的教学效果。首先，青少年确立目标迅速，较少犹豫。教学中应注意吸引学生的注意力，把他们的目标引导到我们的教学方向上。其次，青少年实现目标的动机强度大，希求速决速战，速战速胜。教学中要让学生尽早进入"实战"状态。再者，青少年遇到困难时，目标易动摇。要善于引导学生确立正确的多种层次的目标，使学习的各个阶段均有所收获。最后，青少年获得成功或受到挫折后，情绪易波动。我们要在学生骄傲时使其头脑冷静，在学生沮丧时及时给予鼓励。

关键词：青少年　意志　特点　录入技能　教学

意志是一个人克服内外困难，实现预定目的的心理过程。意志过程只有通过人的行为才能表现出来。在教学过程中，要注意观察学生的行为表现，依据青少年意志的特点，调整教学的步骤方法，方能取得良好的教学效果。

首先，青少年确立目标迅速，较少犹豫。根据这样的一个特点，教学中应注意吸引学生的注意力，引发他们兴趣，把他们的目标引导到我们的教学方向上。在教学中可以让学生观看文秘人员录入的录像，或者可以请高年级已经参加实习，达到一定录入速度的同学回来作演示，当看到操作员在键盘上运指如飞，屏幕上的汉字伴随着清脆悦耳的击键声排排增加时，同学们兴趣很高，求知欲暴涨，此时强调：你们也可以达到这样的水平，甚至比他们打得还快。帮助学生确立一个努力的方向。青少年在决定干一件事时，事前常常并无许多考虑，而是触景生"念"。有时全部决定过程仅几分钟。但这几分钟激发起的兴趣和求知欲是十分可贵的，当学生对某种事物或某种现象发生了兴趣，就会积极观察，主动认识，就能引起大脑皮层优势的兴奋中心，就能迅速而牢固地感知客观事物或现象。

其次，青少年实现目标的动机大，希望能速决速战，速战速胜。根据这样的一个特点，教学中要让学生尽早进入"实战"状态，不能总是"纸上谈兵"。青少年从目标确立到行动，间隔时间很短，往往是一经决定，立即行动，似乎不可能出现任何其他情况，似乎功到事就成。教学中要照顾到这一点，应尽早安排学生上机操作，不要在学生兴趣高涨时，长篇讲授理论。否则，就无法保持学生的兴趣，导致前一阶段的工作努力付之东流。在讲授五笔字型汉字录入教学中，可以采用分段教学的方法，先讲键内字的输入方法，然后让学生上机，看到自己能在计算机上输出汉字时，学生的学习情绪旺盛饱满，再讲到键外字的拆分，受到前面情绪的带动，这一阶段的教学学生能主动参与，效果也明显，及至讲授到简码的输入与词组的输入时，学生一上机便能认真操作，并达到一定的录入速度。

再者，青少年遇到困难时，目标易动摇。根据这样的一个特点，要善于引导学生确立正确的多种层次的目标，使学习的各个阶段均有所收获。青少年在行动时，期望速战速决，立即见到成效。当行动过程中遇到困难时，思想准备不足，又缺乏克服困难的勇气和毅力，于是对实现目标产生动摇。失去学习的信心。因此，要让学生确立正确的多种层次的目标。个人的目标是一个人行为的内部激励因素，它能吸引着我们向它靠拢。目标越远大，对我们吸引的时间越长，但由于离我们距离较远，吸引的力量就会小一些；目标越近，吸引的力量越大，但由于实现目标的时间短，一旦达到目的，它就失去吸引力。可见，确立多种层次的目标对学生有重要的意义。在录入技能的教学中，应充分重视这个问题。学生的自信心是他们进步的基础，要让学生知道有成功的可能性。刚开始，一节课下来，学生只能输入几十个字，与每分钟100个字的目标相距甚远，一下子就泄气了。为此，我坚持小步距教学，教学的总目标不变，但把它划分成一个个的小目标。例如，第一周要求一节课能录入完一篇百字左右的文章。第二周要求一节课能录入完一篇两百字左右的文章，第三周要求速度达到每分钟录入 10 个汉字……记得有篇文章写过，不要把苹果放在一伸手就拿得到的地方，但也不要挂得太高，而要放在只要用力一跳就可以拿到的地方。"苹果"轻而易举就能拿到，学生不努力，进步就慢；"苹果"看着遥不可及，会让学生放弃去"拿苹果"的努力。因此，这些目标，根据不同班级练习的进展情况，应及时地调整，让多数学生总是"用力一跳"就能拿到"苹果"。一个小目标的实现，就是一次成功的体验，这会给学生以极大的精神鼓舞。不急于奢求大目标的实现，而努力去实现每个具体的小目标，是学生产生自信心的源泉，也是成功的基础。

最后，青少年获得成功或受到挫折后，情绪易波动。根据这样的一个特点，我们要善于在学生骄傲时使其头脑冷静，在学生沮丧时及时给予鼓励。青少年由于没有确立长远目标，或只确立了一个空洞、抽象的长远目标，在有了一点成绩或受到一些挫折后，情绪易波动，或喜形于色，得意忘形；或垂头丧气，没精打采。前者因得意忘形而掉以轻心，导致转胜为败；后者因垂头丧气、自暴自弃而失去信心。学习录入技能，开始时总是进步较快。在这种情况下，要教育学生不要被"胜利"冲昏头脑，不要骄傲自大，要虚心地、努力地继续练习，督促自己向更高的目标努力。学生练习的中期，当录入速度到达一定程度后，往往出现进步缓慢、停滞不前或有退步现象（练习曲线的高原现象），此时，学生易感到学得太苦了，太累了，太烦了，而且努力了又没有成效。我们要向学生说明这是暂时的现象，提高他们的信心，鼓励他们继续努力，并需要我们注意培养学生克服困难的坚持性。坚持性也称毅力，这是一个人事业成功的必备条件。毅力不是一阵子热情，而是滴水穿石的耐力，不是短时间的爆发力，而是铁杵磨针的恒心。学习是一种艰苦的脑力劳动，成绩的提高需要经过长期努力，难以一蹴而就。只有有恒心、有毅力，才能取得更好的成绩。以"无限风光在险峰"的美好前景，促使学生争取更大的进步。

这样根据青少年意志的特点实施录入技能的教学，不仅让学生在短时间内就能够掌握汉字录入技术，有效提高录入技能，更重要的收获是锻炼了意志力，增强了自信心，为今后更大的成功培养了良好的心理品质。

2）请录入下面这篇论文，并按规范进行排版。

运指如飞：练练练

梁庆凯

××市××职业技术学校

内容摘要：录入技能是中职生的一项基本技能，在教学中可运用多种训练方法提高学生录入技能。学生学习伊始时适合用示范训练法；练习指法时适合用分解训练法；指法逐步熟练后，适合用间歇训练法；练习五笔字型时适合用递进训练法；后期熟练训练的过程适合用重复训练法。

关键词：录入技能 中职 训练 方法

技能人才的严重短缺已成为制约我国经济发展的瓶颈之一，技能人才的培养和形成不同于其他人才，有着自身的规律，技能训练是其必不可少的环节。技能学习的过程是由试练到熟练、试练与熟练相结合的过程。也就是说技能的形成总要经过一定时间与次数的试练，然后才能以此为基础，反复练习，直至熟而生巧。就总体而言，技能学习的过程是一个试练熟练、再试练再熟练，循环往复以至无穷的过程。由此可见，训练在技能形成过程中是必不可少的，训练的效果将直接影响技能的形成。录入技能是中职生的一项基本技能，下面是本人在多年的教学中总结的综合运用多种训练方法提高学生录入技能的一点体会。

一、学生学习伊始，适合用示范训练法

在对学生进行计算机输入指法训练的初期，采用示范训练法，比只讲不练、直接练习或讲完再练的效果要好得多。示范训练法是指在职业技能教学过程中，教师向学生做出正确的示范，学生在观看教师示范的同时模仿教师的动作而进行训练的一种方法。依据心理学知识及教学实践证明：学生掌握任何一种操作技能的过程，一般都要经历三个发展阶段，即头脑中建立操作表象和操作要领；模仿、练习；学会以至熟练。操作表象是学生通过观看教师的某项操作演示，头脑里留下它们的形象，进而了解操作要领要求及其道理；模仿、练习是把头脑中的操作表象和操作要求开始付诸实践，通过模仿练习后慢慢达到学会的程度；而学会是要经过一定次数的练习之后，能靠意识控制，独立、正确地完成技术动作操作，进而达到熟练程度。熟练是指能靠动作控制，正确自如地完成操作，其特征是准确、规范、连贯、协调。特别是在学习操作技能的初期，示范训练法在教学中尤为重要。

示范训练法应让观察和模仿相结合，教学效果才能显著，即教师在向学生做出正确的操作动作示范时，要让学生在看示范的同时有机会模仿。所以建议教师直接在机房上课，边讲边让学生练习。教学实践和心理学研究证实，当视觉和动觉两种信道同时发挥作用时，要比单独观看或根据语言描述来做动作效果更好。

二、进行指法练习，适合用分解训练法

分解训练法是指将完整的技能动作合理地分解成若干部分，然后按环节或部分分别进行训练，再综合各部分进行整体学习的方法。运用分解训练法可集中精力完成专门的训练任务，加强主要技能动作的训练，从而获得更高的训练效益。

分解训练法对训练的顺序并不刻意要求。例如，在英文指法技能训练中，可以分为上排键、基准键、下排键、特殊键（T、R、V、U、Y、H、G、B、N）、数字键、左右手配合技能训练等几个相对独立的技能训练部分，除先训练基准键外，其他几个部分一般情况下没有严格的训练顺序。

三、指法逐步熟练时，适合用间歇训练法

间歇训练法是指对多次练习时的间歇时间做出严格规定，使学生的机体处于不完全恢复状态下，反复进行练习的训练方法。通过严格的间歇训练，可以使学生在技能学习过程中生理和心理适应能力明显增强，以提高技能操作的持续性和稳定性，避免厌学情绪的产生。例如，在对学生进行英文输入技能训练的初期，学生进行30分钟左右的练习，就会感到手指发硬、小臂发酸、肩背不适等，如果此时组织学生做上一分钟左右的活动（活动手、小臂、肩、背等），学生很快就能消除不适。当学生还没有完全恢复时，再组织学生继续进行练习，以提高训练的效率与质量。

四、五笔字型练习，适合用递进训练法

递进训练法是把技能训练的内容分成若干部分，先训练第一部分；掌握后再训练第二部分；再之后，将一、二部分合起来训练；掌握两部分后，再训练第三部分；掌握后，将三部分合起来训练，如此递进式地训练，直至完整地掌握这一技能。本方法对各个环节的练习顺序并不刻意要求，但对相邻环节的衔接部分则有专门的要求。例如，在五笔字型汉字输入的技能训练中，可分为单根汉字（键名汉字、成字字根、基本笔画）输入的技能训练、一般汉字输入的技能训练、简码汉字输入的技能训练、词组输入的技能训练等部分。这些部分有的可以单独训练，如可以先进行一般汉字的技能训练，也可以先进行单根汉字的技能训练，而后将单根汉字和一般汉字合起来进行训练；之后，可进行简码的训练，也可进行词组的训练，然后将它们合起来进行训练；最后把各个部分合起来进行完整的训练。

五、后期熟练训练，适合用重复训练法

重复训练法是指多次重复同一练习，两次（组）练习之间安排相对充分休息的练习方法。通过对同一技能的多次重复，经过不断强化，有助于学生巩固并熟练掌握操作技能。依单次练习时间的长短，本方法可分为短时重复训练方法、中时重复训练方法和长时重复训练方法。

短时重复训练方法适应于提高技能的速度品质，这可以有效地提高学生的录入速度；中时重复训练方法可以提高技能操作的熟练性、规范性和技巧性，适用于难度高、技巧性强的训练，比如英文大小写、中英文混合文本等的练习；长时重复训练方法适用于提高技能的韧性品质，提高技能操作的稳定性，同时也是对学生进行意志力训练，这对学生日后参加工作也很有益。

第6章

表单录入训练营

日常工作中接触到的录入内容多数是中文、英文与数字混合文本的录入，如各种表单及传票。本章将对各种表单及传票的录入方法进行系统的训练。同学们经过本章的练习，能很快提高各种表单及传票的录入速度与准确率。

任务1 完成商品编码的录入练习

正确的指法是提高商品编码录入速度的基本条件。本任务要求同学们熟悉"打字旋风"练习软件的界面与操作方法，通过该软件来进行商品编码的录入训练。

任务情境

商务专业的邱伟业同学利用暑假到利客隆超市实习，担任收银员的工作。看似简单的收银工作其实并不简单，特别是节假日，收银台前总是排着长长的队伍。邱伟业常常忙得头晕眼花脚发软。

任务分析

1. 工作思路

超市收银处使用读码器读取商品编码，读出编码后，商品价格由系统显示在屏幕上，收银员再输入所购商品的数量。有些商品的条形码读码器无法识别，就需要收银员手工输入。收银员只有熟悉商品编码的输入，才能提高工作效率。

2. 注意事项

1）正确的指法是提高录入速度的基本条件。击键要干脆利落，击完及时回归基准键。

2）无名指与小指的力度与灵活性较差，需多加练习，以增强键位感。

3）坚持盲打，克服畏难情绪，耐心练习。

知识储备

1. 商品编码简介

HS 编码即商品编码，具体指在国际上广泛采用的《商检名称及编码协调制度》，即国际贸易商品分类目录。海关一般对进出境货物监管和商检签发的普惠制产地证和一般产地证都已采用 HS 编码进行分类管理。自 1992 年起，中国海关开始采用 HS 编码体系。

商品编码是指用一组阿拉伯数字标识商品的过程，这组数字称为代码，如图 2-6-1 和图 2-6-2 所示。

16901234567899-3

4 512345 678913 12345

图 2-6-1　商品编码图示一　　图 2-6-2　商品编码图示二

商品编码与商品条码是两个不同的概念。商品编码是代表商品的数字信息，而商品条码是表示这一信息的符号。要制作商品条码符号，首先必须给商品编一个数字代码。商品条码的代码是按照国际物品编码协会（EAN）统一规定的规则编制的，分为标准版和缩短版两种。标准版商品条码的代码由 13 位阿拉伯数字组成，简称 EAN-13 码。缩短版商品条码的代码由 8 位数字组成，简称 EAN-8 码。EAN-13 码和 EAN-8 码的前 3 位数字称为前缀码，是用于标识 EAN 成员的代码，由 EAN 统一管理和分配，不同的国家或地区有不同的前缀码。我国前缀码为 690 ~ 699。

2. 商品编码的编码原则

（1）唯一性

唯一性是指商品项目与其标识代码一一对应，即一个商品项目只有一个代码，一个代码只标识同一商品项目。商品项目代码一旦确定，永不改变，即使该商品停止生产、停止供应，在一段时间内（有些国家规定为 3 年）也不得将该代码分配给其他商品项目。

（2）无含义

无含义代码是指代码数字本身及其位置不表示商品的任何特定信息。在 EAN 及 UPC 系统中，商品编码仅仅是一种识别商品的手段，而不是商品分类的手段。无含义使商品编码具有简单、灵活、可靠、充分利用代码容量、生命力强等优点，这种编码方法尤其适合于较大的商品系统。

（3）全数字型

在 EAN 及 UPC 系统中，商品编码全部采用阿拉伯数字。

技能点拨

商品编码的录入练习，可以借助市面上已有的打字练习软件，如"打字旋风"。也可以找一些商品编码实物来进行录入练习。下面以"打字旋风"软件为例，介绍商品编码的录入方法。

1）运行"打字旋风"软件，在登录界面的"参赛证号"和"登录名"文本框中输入参赛证号和登录名，然后单击"登录"按钮进行登录，如图 2-6-3 所示。

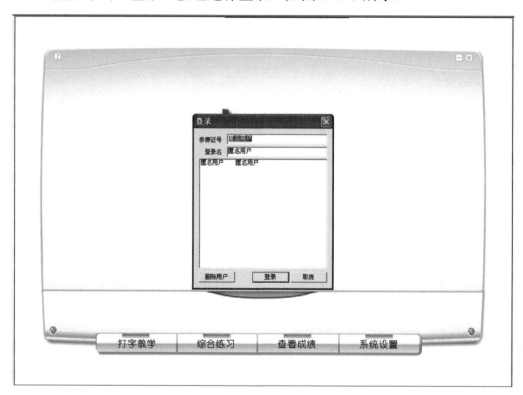

图 2-6-3 "打字旋风"软件登录界面

2）在"打字旋风"软件的主界面中，单击"打字教学"按钮，进入"打字教学"界面，如图 2-6-4 所示。

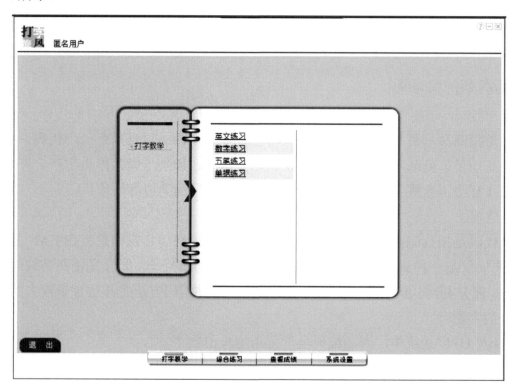

图 2-6-4 "打字教学"界面

3）在"打字教学"界面中，单击"数字练习"按钮，进入"数字练习"界面，如图 2-6-5 所示。

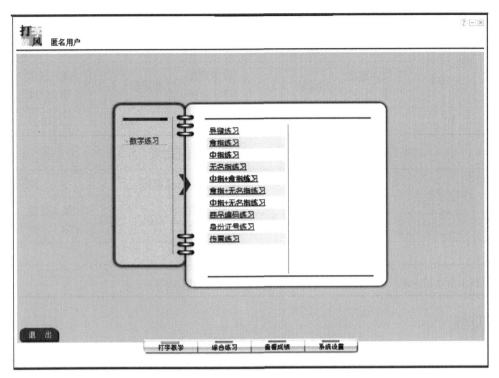

图 2-6-5 "数字练习"界面

4）在"数字练习"界面中，单击"商品编码练习"按钮，进入"商品编码练习"界面，如图 2-6-6 所示。

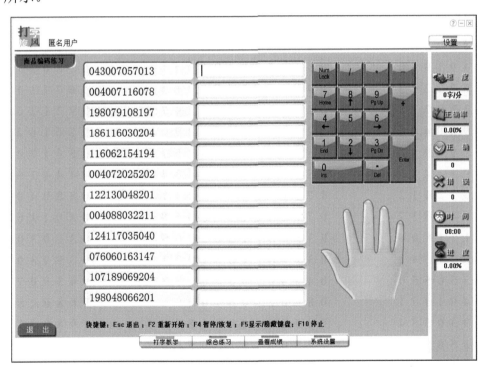

图 2-6-6 "商品编码练习"界面

5）在练习输入商品编码的过程中，要注意前面所学的小键盘指法要点，在保证正确率的前提下，通过努力训练来提高速度。

任务评价

商品编码任务评价表，见表 2-6-1。商品编码练习记录表，见表 2-6-2。

表2-6-1 商品编码任务评价标准

任务内容	测试时间（分钟）	合格		良好		优秀	
		录入速度（字/分钟）	准确率（‰）	录入速度（字/分钟）	准确率（‰）	录入速度（字/分钟）	准确率（‰）
商品编码	10	120	960	180	980	240	998

表2-6-2 商品编码练习记录表

练习内容	练习时间（分钟）	第一次练习		第二次练习		第三次练习	
		录入速度（字/分钟）	准确率（‰）	录入速度（字/分钟）	准确率（‰）	录入速度（字/分钟）	准确率（‰）
商品编码							
练后反思	找出录入慢和录入出错的原因，思考如何提高录入速度和正确率						

强化训练

商品编码录入技能的提高，除了可以借助软件进行练习外，更重要的是要能进行看稿录入。下面是一些商品编码，同学们可进行看稿录入练习。

6921790872102	6920871251973	6920791792016
1860831781971	1860831781974	0100710711747
1280880880352	1610710711745	1610710711748
0041580331253	0041580562116	0041580562119
6921260870305	1221260870304	1220040171947
0560570491940	0560570491941	0560570491942
1261940571253	0481271470964	1671140220715
1671140220716	0921261621297	0921261621298
1281780920409	1261621161290	1261621161299
0570451700958	0570451700957	0561700952046
0571251941435	0571251941434	1441251941433
1700951972112	1700951972111	0880401181970
0700401940357	0700401940358	0801160241949
1441241171804	0350301562065	0350301562066
1441240871341	0350300662022	0350300662023
0100870350550	0430070570133	0430070570132
0480720401971	0880280670896	0880280670895
0870350930554	0870350931569	1980870350558
1980870350557	1980870350550	1440870350550
1440770352011	1860490721255	1860490721259
1740570350137	0310350401255	1160570721253
1160570721258	0250090570356	0040350302054
0040350302052	0570350302040	0480720401562
0480720401971	0570870350556	0690890870578
0870350921977	0890870570879	0801161220143
1460891212021	1701870831000	1701870831001
0761390350035	0761390482014	0761251781021

0 8 5 1 8 8 0 7 9 0 3 5 2	0 8 5 1 8 8 0 7 9 0 3 5 3	0 2 5 0 3 5 0 4 8 0 3 5 4
0 6 7 0 2 5 0 5 7 1 0 1 5	0 6 7 0 2 5 0 5 7 1 0 1 6	0 6 2 0 5 7 0 7 1 2 1 2 7
0 8 0 1 1 6 0 2 5 1 0 1 8	0 0 4 0 8 5 1 8 8 2 1 4 9	0 0 4 0 8 5 1 8 8 2 1 4 0
0 2 1 1 0 4 1 4 7 1 9 7 9	0 4 9 0 4 0 1 9 4 0 3 5 8	0 2 5 0 4 6 0 0 2 1 1 6 7
0 2 5 0 4 6 0 0 2 1 1 6 6	0 5 7 0 4 5 1 1 6 0 1 3 5	1 1 6 0 2 1 5 4 1 9 4 4
1 1 6 0 2 1 5 4 1 9 4 3	0 1 7 1 4 7 0 2 8 1 7 1 2	0 5 7 0 7 1 1 8 6 2 0 4 1
0 5 7 0 7 1 1 8 6 2 0 4 0	1 8 6 0 5 7 0 7 1 2 1 0 1	1 8 6 0 5 7 0 7 1 2 1 0 4
0 1 2 0 3 5 0 2 8 1 7 1 7	0 1 2 0 3 5 0 2 8 1 7 1 8	1 3 0 0 4 8 0 7 9 1 3 4 5
0 0 2 0 7 2 0 4 0 2 0 6 2	0 0 2 0 7 2 0 4 0 2 0 6 3	0 1 6 0 0 2 0 7 2 0 4 0 6
0 3 0 0 9 0 5 7 2 0 3 9	0 3 0 0 9 0 5 7 2 0 3 0	1 0 7 1 1 6 0 2 5 0 7 1 9
1 1 6 0 2 5 0 7 8 0 7 1 6	0 0 4 0 3 5 0 8 5 0 0 3 3	0 0 4 0 3 5 0 8 5 0 0 3 2
0 7 6 1 1 6 1 0 7 1 1 6 5	0 7 6 0 8 7 0 8 7 0 2 5 6	6 9 0 0 8 7 0 8 7 0 2 5 5
0 3 5 0 7 2 0 0 6 1 5 6 5	1 5 4 0 3 5 0 7 2 0 4 8 8	1 5 1 0 3 5 1 3 7 1 8 9 7
1 5 1 0 3 5 1 3 7 1 8 9 4	0 3 5 0 7 2 1 4 7 1 3 4 1	0 5 1 0 4 0 1 9 4 0 4 0 0
0 5 1 0 4 0 1 9 4 0 4 0 1	0 5 1 0 4 0 1 9 4 0 4 0 2	1 4 4 0 5 7 0 5 7 0 1 0 2
1 4 4 0 5 7 0 5 7 0 1 0 3	1 4 4 0 5 7 0 5 7 0 1 0 6	1 6 8 1 2 5 0 5 6 2 1 1 5
1 6 8 1 2 5 0 5 6 2 1 1 4	0 5 7 0 4 5 0 5 7 0 1 0 7	0 5 7 0 5 7 0 5 7 0 1 0 8
1 1 6 0 2 5 0 5 7 1 5 6 9	0 7 1 0 0 9 0 2 3 2 0 7 9	1 1 7 0 4 0 0 2 8 1 9 7 6
1 9 8 1 3 6 0 6 5 0 4 8 3	1 9 8 1 3 6 0 6 5 0 4 8 2	0 5 7 0 1 0 0 4 8 0 3 5 5
0 5 7 0 1 0 0 4 8 0 3 5 8	1 4 4 0 1 0 0 4 8 0 3 5 7	0 7 6 0 7 1 0 5 5 2 0 4 4
0 7 6 0 7 1 0 5 5 2 0 4 1	0 3 8 1 1 6 1 5 5 2 1 0 0	0 3 8 1 1 6 1 5 5 2 1 0 1
0 5 7 1 1 7 0 4 0 0 2 8 4	1 5 9 0 8 9 1 1 7 0 2 8 7	0 8 8 0 3 4 0 7 1 2 1 0 8
1 5 9 0 2 8 0 5 2 0 1 0 5	0 3 8 0 7 9 0 2 1 1 2 1 2	0 3 8 0 7 9 0 2 1 1 2 1 3
1 1 6 0 2 8 1 9 4 0 5 7 6	0 7 9 0 2 1 0 8 9 1 2 1 9	0 7 9 0 2 1 0 8 9 1 2 1 7
0 6 7 1 9 5 0 0 6 1 0 2 8	0 6 7 1 9 5 0 0 6 1 0 2 9	0 0 4 0 1 2 0 3 5 1 5 3 6
1 4 4 0 0 4 0 1 7 1 9 4 5	1 4 4 0 0 4 0 1 7 1 9 4 4	1 6 1 1 5 9 0 3 5 0 4 6 1
1 6 1 1 5 9 0 3 5 0 4 6 2	0 1 0 1 3 0 0 5 1 2 0 4 3	0 1 0 1 3 0 0 5 1 2 0 4 0
1 4 4 1 3 0 0 5 1 2 0 4 8	1 4 4 1 3 0 0 5 1 2 0 4 5	1 4 8 1 5 8 0 5 7 1 0 5 2
0 1 0 0 2 3 1 2 5 2 1 0 3	0 1 0 0 2 3 1 2 5 2 1 0 6	0 8 8 0 2 3 1 2 5 2 1 0 9
1 3 8 1 3 0 0 5 1 2 0 6 7	1 4 4 1 7 5 0 5 7 2 0 1 4	1 4 4 1 7 5 0 5 7 2 0 1 1
0 4 8 1 7 5 0 5 7 1 5 3 0	1 2 5 1 9 5 1 1 9 0 4 0 6	1 2 8 0 0 5 1 5 3 1 5 6 5
1 0 7 1 7 6 1 2 5 0 5 6 4	0 6 7 1 2 6 1 7 1 1 1 8 1	0 6 7 1 2 6 1 7 1 1 1 8 2
0 7 6 0 2 5 1 1 6 0 4 8 3	0 7 6 0 2 5 1 1 6 0 4 8 9	0 0 4 0 1 7 0 8 9 0 3 0 8
0 1 2 0 2 5 0 3 5 1 9 4 7	0 1 6 0 4 2 0 5 7 2 0 1 0	0 3 5 1 7 1 0 2 5 1 1 4 0
1 3 8 0 8 7 0 9 6 2 0 9 1	1 3 8 0 8 7 0 9 6 2 0 9 2	0 7 6 0 3 0 0 3 9 0 8 9 3
0 0 4 1 8 2 1 4 3 1 5 3 6	0 0 4 1 8 2 1 4 3 1 5 3 5	1 0 7 0 8 3 1 7 8 0 4 0 4
0 8 0 1 1 6 0 7 9 0 4 0 7	1 9 8 0 3 5 0 4 5 2 0 1 8	1 9 8 0 3 5 0 4 5 2 0 1 9
0 3 5 0 5 7 1 4 7 0 4 5 9	1 0 7 1 8 2 1 4 3 0 3 5 8	1 0 7 1 8 2 1 4 3 0 3 5 7
0 7 2 0 4 0 0 4 2 0 7 1 4	0 5 7 0 3 0 1 6 8 2 1 0 5	0 5 7 0 3 0 1 6 8 2 1 0 6
0 5 6 1 1 7 0 1 3 0 5 7 3	0 1 0 0 3 0 0 3 9 2 0 1 2	0 8 8 0 3 0 0 3 9 2 0 1 1
0 8 8 0 3 5 1 7 1 0 2 5 0	0 5 7 0 4 5 0 4 5 2 0 1 1	0 5 7 0 4 5 0 4 5 2 0 1 2
1 0 7 1 7 6 1 2 5 1 0 5 3	1 0 7 1 3 7 0 1 3 1 8 6 6	0 3 5 1 7 1 0 2 5 1 1 8 5
0 6 4 0 3 0 0 3 9 2 0 2 4	0 7 2 0 4 0 0 5 7 0 8 9 7	0 6 9 0 2 5 0 3 2 2 1 0 8
6 9 0 0 4 9 0 2 5 2 0 1 8	6 9 0 0 4 9 0 2 5 2 0 1 7	0 7 6 1 1 6 0 2 5 0 5 7 4
0 7 6 0 9 7 0 3 2 2 1 0 4	0 7 6 0 9 7 0 3 2 2 1 0 5	0 7 6 1 2 6 1 7 1 0 8 2 6
0 7 6 1 7 8 1 5 8 1 6 8 2	6 9 0 1 7 8 1 5 8 1 6 8 3	0 7 6 1 9 5 1 9 4 0 5 7 2

06902503221 09 11007204005 59 11601305704 88
13802503221 27 15908903502 54 15908903502 55
05704006620 26 05704006620 23 07605704020 42
12605704010 11 08805704020 40 12511612504 00
14412511604 01 14412511604 04 12207917820 17
16515416521 38 16515416521 35 17815807204 02
17815807204 03 08317804716 86 19512504903 59
19512504903 59 05611014721 06 05611014721 03
08011602504 82 12211014721 05 12211014721 08
11511603504 07 11511603504 04 02511604915 31
10712503320 10 10712503320 10 03819511612 51
03819511612 52 05612503320 13 05612503320 16
08812503320 15 10710940125 4   10904012521 27
10704916620 78 10704916620 79 01602819412 59
10719119108 98 11516409921 17 11516409921 14
01008812920 15 01008812920 16 08819319315 63
08817009520 46 08817009520 45 08817111701 37
08817111701 34 08801708704 02 08803409320 13
03407911907 12 18608702520 21 16116816816 80
16116816816 80 12212718020 11 10705704621 02
69204901021 07 69211317420 15 69211317420 13
10705704621 03 10718906920 46 10718906920 45
03309912521 04 03309912521 07 00418906920 58
00418906920 59 05709912521 09 13407908705 75
13407908907 11 13407908717 44 14417706020 18
14417706020 17 14415913320 46 14415913320 42
02009615914 73 02009615914 70 01708703501 30

任务2 ▶ 完成身份证号的录入练习

正确的指法是提高身份证号录入速度的基本条件。本任务要求同学们熟悉"打字旋风"和"打字高手"软件的界面与操作方法，通过这两个软件来进行身份证号的录入训练。

➡ 任务情境

文秘班的李婷在春季开学时进入了职业技能鉴定中心进行顶岗实习，她的工作是负责各种职业技能考试考生信息的录入。考生的信息包括：姓名、性别、出生日期、身份证号、工种、等级、文化程度、工龄、理论成绩、操作成绩和证书编号。对单位有专门用于考生信息录入工作的软件，李婷只需按流程操作即可。

➡ 任务分析

1. 工作思路

李婷在文秘专业学习，文字录入的功底扎实，对软件的使用也不成问题。面对每天需完成的庞大工作量，她迫切需要提高数字录入速度，特别是长串数字（如身份证号）的录入速度。为此，她需要在业余时间开展针对性的提高训练。

2. 注意事项

1）正确的指法是提高录入速度的基本条件。击键要干脆利落，击完及时回归基准键。

2）无名指与小指的力度与灵活性较差，需多加练习，以增强键位感。

3）坚持盲打，克服畏难情绪，耐心练习。

知识储备

1. 身份证的概念

身份证是用于证明持有人身份的证件，多由各国或地区政府颁发给公民。在我国，一般特指中华人民共和国居民身份证。1984 年 4 月 6 日，国务院发布《中华人民共和国居民身份证试行条例》，并且开始颁发第一代居民身份证。2004 年 3 月 29 日起，中国大陆正式开始为居民换发内藏非接触式 IC 智能芯片的第二代居民身份证。第二代身份证表面采用防伪膜和印刷防伪技术，使用个人彩色照片；内置的数字芯片采用了数字防伪措施，存有个人图像和信息，可以用机器读取。我国不满 16 岁的公民可以自愿申请领取第二代身份证。

2. 身份证后面的 X 是什么意思

居民身份证的号码是按照国家标准编制的，由 17 位数字本体码和 1 位校验码组成：前 6 位为行政区划代码，第 7 ~ 14 位为出生日期码，第 15 ~ 17 位为顺序码，第 18 位为校验码。作为尾号的校验码，是由号码编制单位按统一的公式计算出来的，如果某人的尾号是 0 ~ 9，都不会出现 X，但如果尾号是 10，那么就得用 X 来代替，因为如果用 10 做尾号，那么此人的身份证就变成了 19 位，而 19 位的号码违反了国家标准，并且我国的计算机应用系统也不承认 19 位的身份证号码。X 是罗马数字的 10，用 X 来代替 10，可以保证公民的身份证号符合国家标准。

技能点拨

对于身份证号的录入练习，可以借助市面上已有的打字练习软件，如"打字旋风""打字高手"。也可以找一些身份证号文本来进行录入练习。

下面以"打字旋风"软件为例，介绍身份证号的录入练习。

1）运行"打字旋风"软件，在登录界面的"参赛证号"和"登录名"文本框中分别输入参赛证号和登录名，单击"登录"按钮进行登录。

2）在打字旋风的主界面，单击"打字教学"按钮，进入"打字教学"界面。

3）在"打字教学"界面中，单击"数字练习"按钮，进入"数字练习"界面。

4）在"数字练习"界面中，单击"身份证号练习"按钮，进入"身份证号练习"界面，如图 2-6-7 所示。

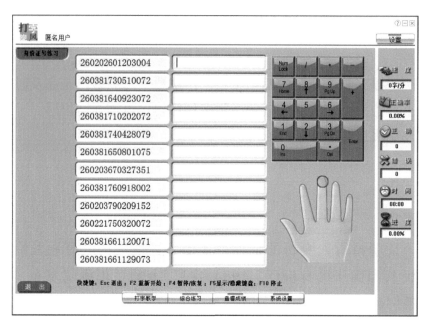

图 2-6-7 "身份证号练习"界面

5）在练习输入身份证号的过程中，要注意前面所学的小键盘指法要点，在保证正确率的前提下，通过努力训练来提高速度。

在"打字高手"软件中，有"卡证录入"练习的内容，其内容与日常工作中的情境基本相符，同学们可借此来进行身份证号的录入练习，并可切实体验所学的各种录入方法在日常工作中的综合运用。

1）运行"打字高手"软件，在登录界面中单击"登记用户"按钮进行登录，如图 2-6-8 所示。

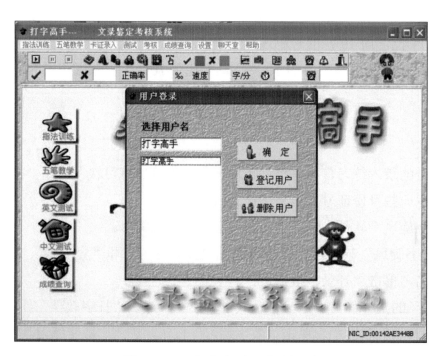

图 2-6-8 "打字高手"登录界面

2）在"打字高手"的主界面中，选择"卡证录入"→"卡证录入一"命令，如图 2-6-9 所示。

图 2-6-9 "打字高手"主界面

3) 进入"卡证录入一"界面,此时可模仿职业技能鉴定中心的考生信息录入工作来进行练习,如图 2-6-10 所示。

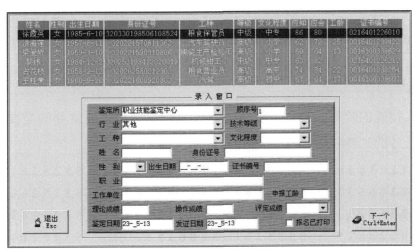

图 2-6-10 "卡证录入一"界面

4) 在"打字高手"的主界面,选择"卡证录入"→"卡证录入二"命令,进入"卡证录入二"界面,此时可模仿民航航班的乘客信息录入工作来进行练习,如图 2-6-11 所示。

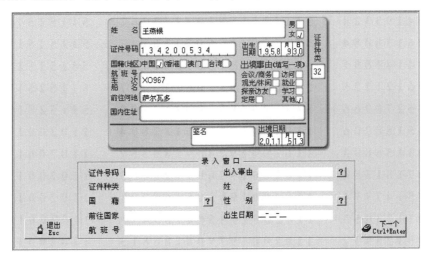

图 2-6-11 "卡证录入二"界面

5）在卡证录入练习的过程中，要注意前面所学的各种指法要点，不能因为录入内容的频繁变化而乱了指法，要在保证正确率的前提下，通过努力训练来提高速度。

任务评价

身份证号任务评价标准，见表 2-6-3。身份证号练习记录表，见表 2-6-4。

表 2-6-3　身份证号任务评价标准

任 务 内 容	测试时间（分钟）	合　格		良　好		优　秀	
		录入速度（字/分钟）	准确率（‰）	录入速度（字/分钟）	准确率（‰）	录入速度（字/分钟）	准确率（‰）
身份证号	10	120	960	180	980	240	998

表 2-6-4　身份证号练习记录表

练 习 内 容	练习时间（分钟）	第一次练习		第二次练习		第三次练习	
		录入速度（字/分钟）	准确率（‰）	录入速度（字/分钟）	准确率（‰）	录入速度（字/分钟）	准确率（‰）
身份证号							
练后反思	找出录入慢和录入出错的原因，思考如何提高录入速度和正确率						

强化训练

身份证号录入技能的提高，除了可以借助软件进行练习外，更重要的是要能进行看稿录入。下面是一些身份证号的文本，供同学们进行看稿录入练习。

532526198801103636	532526197702253159	532526197205145018
53252619750710553X	532526197407132637	532526198207103430
532526197202257233	532526197403251014	532526198106267217
532526197409228819	532526198406258777	532526198702115332
532526197902162956	532526197601171752	532526198305241490
532526198304109519	532526197605128153	532526198807139330
532526197204272437	532526198307149719	511525198806288528
511525197802159003	511525199009235364	511525197203177445
511525198004193324	511525198103252262	511525197209194887
511525198706136084	511525197607116147	511525199007158422
511525197604141881	51152519900928174X	511525198501271020
511525198106121225	511525198206233427	511525198903214547
511525197005278966	511525197309112703	511525197105152340
511525197205188906	110200197502182894	110200198307216491
110200199003156893	110200197409285557	110200198807129079
110200197207181354	110200197607129053	110200198706126477
110200197305147774	110200198305168991	110200197404139219
11020019710112305X	11020019850418947X	110200199002106317
110200197705125937	110200197908188815	110200197605106077
11020019850915337X	110200198602263274	110200198105103691

520325198104243114　520325197006232433　520325197808108792
520325198103236991　520325198205285217　520325198203223573
520325198804184338　520325198602231351　520325198206174594
520325197301107432　520325198001129271　520325198604246338
520325198308101871　520325198208135177　520325197505227372
520325198303148013　520325198804261938　520325198104196012
520325197305118294　520325197801116239　510900198501227285
510900198807264580　510900197301257063　510900197101253105
510900197208157607　510900198004242847　510900197302276629
510900197701275041　510900197404232264　510900198005142426
510900197201257664　510900199005243803　510900197101231344
510900197508117826　510900197704136485　510900197803187 78X
510900198802219967　510900197207171087　510900197803191420
510900197504174268　410811198308204815　410811197304162799
410811197409174390　410811198908271798　410811197304158351
410811197408284790　410811198904132096　410811198 702 323757X
410811198902269275　410811197503121930　410811199 0009 10179X
410811197506118614　410811197801129252　410811197002193653
410811198301131836　410811198109223255　410811198004141851
410811197308201935　410811197602125750　410811198801116595
410811197704275100　410811198401289526　410811197904252181
410811198009158222　410811198401135703　410811198108174164
410811197103111 32X　410811197603219660　410811198904141988
410811197503216788　410811197706173765　410811197303199864
410811198204169 98X　410811197602109902　410811197 309 27882X
410811198004109544　410811198308241843　410811198407175925
410811199004232002　410811197304206405　321101198904148619
321101197509153632　321101197109115637　321101198207225877
321101198007285832　321101197305207694　321101198009207811
321101197906197751　321101197708133079　321101198305204332
321101197009289 47X　321101198806128913　321101198102247834
321101198206258212　321101198707113679　321101198102105393
321101197203274634　321101197803254995　321101197609162456
321101197401124813　321101197506139106　321101198903112008
321101199007138968　321101197109182020　321101198207 24906X
321101197702137546　321101198504182586　321101199006219088
321101199006139520　321101198105255143　321101198605116123
321101197201112500　321101198909126 70X　321101198304202968
321101199003174486　321101198705118505　321101198207154685
321101197601239666　321101197305144902　321101197909206465
532600197506288532　532600198204284952　532600198507 19679X
532600197208143810　532600198003113479　532600197104273354
532600197009276 91X　532600198003136195　532600198105226511
532600197307164350　532600198803176099　532600197005208696

任务3 完成传票的录入练习

正确的指法是提高传票录入速度的基本条件。本任务要求同学们熟悉"打字旋风"练习软件的界面与操作方法，并通过该软件进行传票录入的训练。也可通过专门的翻打传票的练习软件，如"Num270 翻打传票"软件进行训练。

任务情境

中国工商银行在报纸上刊登了招聘广告，想在近期招收一批新员工。银行对新员工除了相应的专业、学历要求外，还要进行点钞和翻打传票的面试。莫庆征同学很想去试一试。

任务分析

1. 工作思路

莫庆征学习的是税务专业，在校学习时辅修过点钞课程，但对翻打传票较为生疏。他首先查阅了翻打传票的内容和要求，然后开始进行考前突击训练。

2. 注意事项

1）正确的指法是提高录入速度的基本条件。击键要干脆利落，击完及时回归基准键。

2）无名指与小指的力度和灵活性较差，需多加练习，以增强键位感。

3）坚持盲打，克服畏难情绪，耐心练习。

知识储备

翻打百张传票是会计人员应掌握的基本技能之一，也是熟练操作各项业务的基础，它的计算机录入方法表面看起来比较单一，练习起来也比较枯燥，但需要一定的技巧。

1. 准备要求

1）坐姿要求。上身坐直，胸部稍挺。保持身体的平衡与自然，小臂轻放桌面上，保持自然放松。

2）指法要求。与小键盘数字键的指法要求一致。

3）摆设要求。键盘放右手边，传票及夹子放左手边，笔放在键盘下方右手能方便拿到的地方，答案纸放在传票下方，如图 2-6-12 所示。

2. 传票整理

1）双手拿起传票并侧立在桌上，然后双手墩齐传票，如图 2-6-13 所示。

2）用左手固定传票左上角，右手沿传票边沿轻折，折开传票，如图 2-6-14 所示。

3）右手反复三次，使传票折至 20°～25°的扇形，如图 2-6-15 所示。

4）用夹子夹住传票左上角，将其固定，以防止翻打传票时散乱，如图 2-6-16 所示。

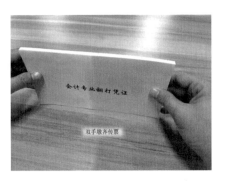

图 2-6-12　答案纸放在传票下方　　　　　图 2-6-13　双手墩齐传票

图 2-6-14　折开传票　　图 2-6-15　传票折至 20°～25° 的扇形　　图 2-6-16　夹子夹住传票左上角

3. 翻打传票

1）左手小指、无名指及中指按住传票，如图 2-6-17 所示。

2）拇指一张一张翻开传票，直到翻打完毕，如图 2-6-18 所示。

3）食指与中指用来夹住翻打完毕的传票，如图 2-6-19 所示。

图 2-6-17　按住传票　　　　图 2-6-18　翻开传票　　　　图 2-6-19　夹住传票

4）翻打传票要眼、手、脑协调，左手翻传票时，眼睛看传票，脑子快速记传票上的数字，同时右手敲击键盘输入数字，应做到右手还没录入完当页传票数字，左手就已翻到下一页，保持整个过程的动作流畅。还要做到右手盲打，眼睛只看传票上的数字。

4. 写答案

传票翻完，结果同时显示在计算机屏幕上，右手拿笔抄写最终结果。

在答案纸上，答案应抄写得工整、清晰，答案的分节号、小数点书写要规范、准确，如图 2-6-20 所示。若答案为整数，则分数部分应写零补齐。

图 2-6-20　答案要书写规范、准确

5. 注意事项

1）传票扇面折开，呈20°～25°角（角度适中），以便于翻打传票。如果角度过大，手较难控制全部传票，不易翻页；如果角度过小，翻动时容易造成传票连张，漏打传票。

2）笔放在右手容易拿到的位置，最好多准备一支笔备用。

3）要做到右手盲打，目视传票，视线不要在传票和键盘之间转来转去。

技能点拨

翻打传票的录入练习，可以借助市面上已有的打字练习软件，如"打字旋风"软件；也可以使用专门的翻打传票的练习软件，如"Num270翻打传票"、翻打传票测试程序V1.3、A8翻打传票测试程序等。

下面以"打字旋风"软件为例，介绍翻打传票的录入练习。

1）运行"打字旋风"软件，在登录界面的"参赛证号"和"登录名"文本框中输入参赛证号和登录名，单击"登录"按钮进行登录。

2）在"打字旋风"软件的主界面中，单击"打字教学"按钮，进入"打字教学"界面。

3）在"打字教学"界面中，单击"数字练习"按钮，进入"数字练习"界面。

4）在"数字练习"界面中，单击"传票练习"按钮，进入"传票练习"界面，如图2-6-21所示。

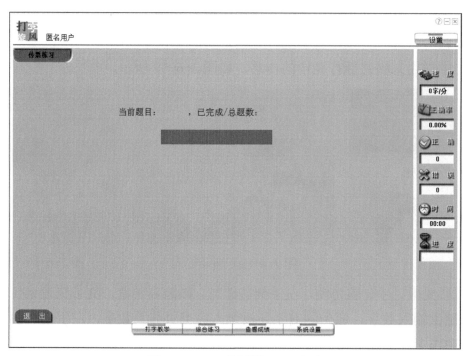

图2-6-21 "传票练习"界面

5）在练习录入传票的过程中，要注意前面所学的小键盘指法要点，并注意两手的协调合作，在保证正确率的前提下，通过努力训练来提高速度。

传票翻打测试程序旨在为金融从业人员提供一个练习、测试、提高小键盘数字录入速度的平台。"Num270翻打传票"软件是一款专门练习翻打传票的软件，同学们可用它来进行翻打传票的强化训练。该软件还可以通过参数设置设定合适的测试环境，以达到最佳测试效果。具体的操作步骤如下：

1）运行"Num270 翻打传票"软件，在登录界面的"考号"和"姓名"文本框中输入考号和姓名，单击"传票翻打测试"按钮进行登录。翻打传票登录界面如图 2-6-22 所示。

2）进入传票翻打的练习界面，如图 2-6-23 所示。

图 2-6-22　翻打传票登录界面　　　　图 2-6-23　传票翻打的练习界面

3）在翻打传票的录入练习过程中，要注意综合运用前面所学的各种指法，要求眼睛只看传票盲打，并注意两手的协调合作，确保在保证正确率的前提下，通过努力训练来提高速度。

任务评价

翻打传票任务评价标准，见表 2-6-5。翻打传票练习记录表，见表 2-6-6。

表 2-6-5　翻打传票任务评价标准

任务内容	测试量	合　格		良　好		优　秀	
		完成时间/秒	准确率（%）	完成时间/秒	准确率（%）	完成时间/秒	准确率（%）
翻打传票	100 题	240	100	210	100	180	100

表 2-6-6　翻打传票练习记录表

练习内容	练习量	第一次练习		第二次练习		第三次练习	
		完成时间/秒	准确率（%）	完成时间/秒	准确率（%）	完成时间/秒	准确率（%）
翻打传票	100 题						
练后反思	找出录入慢和录入出错的原因，思考如何提高录入速度和正确率						

强化训练

提高翻打传票的录入技能，除了可以借助软件进行练习外，更重要的是要能一边看稿一边盲打录入。同学们应努力提高小键盘上的录入速度和正确率，只有勤加练习，才能不断进步。一开始要求稳健，不要着急提高速度，在保证一定正确率的基础上再逐步提高速度。速度提上去了以后再自己进行模拟测试，把翻打传票加进来。具体的练习内容，大家可参照本书第 3 章数字录入训练营中的"有点数字"部分。

另外，对于人民币单位和金额大写数字，同学们也要熟悉。下面列出人民币单位和金额大写数字。

零　　　壹　　　贰　　　叁　　　肆　　　伍　　　陆　　　柒　　　捌　　　玖
拾　　　佰　　　仟　　　万　　　亿　　　元　　　角　　　分　　　正

任务 4 完成现金收入（支出）日记账的录入练习

正确的指法是提高现金收入（支出）日记账录入速度的基本条件。本任务要求同学们熟悉"用友 GRP-R9 财务管理软件"和"打字旋风"软件的界面与操作方法，通过以上软件来进行现金收入（支出）日记账录入的训练。

任务情境

财会专业的张小琴因实习期间工作细致、认真负责的优异表现，毕业后直接留在佳盛计算机公司担任出纳工作。每天进行现金流水、银行存款的日记账记录，并收集相关凭证交给公司会计。

任务分析

1. 工作思路

佳盛计算机公司使用"用友 GRP-R9 财务管理软件"进行财务管理，张小琴使用其出纳管理系统进行现金收付款凭证（现金日记账）的录入，并收集相关凭证交给公司会计。

2. 注意事项

1）运用正确的指法，击键要干脆利落，击完及时回归基准键。

2）无名指与小指的力度与灵活性较差，需多加练习，以增强键位感。

3）坚持盲打，克服畏难情绪，耐心练习。

知识储备

1. 现金日记账

财务管理制度的有效运行，需要配套的工作流程去规范信息数据的归集、传递、控制、考核及分析，更需要完善的执行工具和措施，才能使管理制度在企业运营过程中充分发挥作用。所以财务管理制度的财务表单是财会专业学生应该熟悉的。

现金日记账是专门用来记录现金收支业务的一种特种日记账。现金日记账必须采用订本式账簿，其账页格式一般采用"收入"（借方）、"支出"（贷方）和"余额"三栏式。现金日记账通常由出纳人员根据审核的现金收款凭证和现金付款凭证，逐日逐笔顺序登记。由于从银行提取现金的业务，只填制银行存款付款凭证，不填制现金收款凭证，因而从银行提取现金的现金收入数额应根据有关的银行存款付款凭证登记。每日业务终了时，应计算、登记当日现金收入合计数、现金支出合计数以及账面结余额，并将现金日记账的账面余额与库存现金实有数核对，借以检查每日现金收入、付出和结存情况。

现金日记账也可以采用多栏式的格式，即将收入栏和支出栏分别按照对方科目设置若干专栏。多栏式现金日记账按照现金收、付的每一对应科目设置专栏进行序时、分类登记，月末根据各对应科目的本月发生额一次过记总分类账，因而不仅可以清晰地反映现金收、付的来龙去脉，而且可以简化总分类账的登记工作。在采用多栏式现金日记账的情况下，如果现金收、付的对应科目较多，为了避免账页篇幅过大，可分设现金收入日记账和现金支出日记账。

2. 出纳管理系统

1）现在很多单位都已使用财务管理软件进行相应的财务管理。下面以"用友 GRP-R9 财务管理软件"为例，介绍出纳管理系统的操作方法。首先要登录系统，如图 2-6-24 所示。

2）当单位发生付款项目时，出纳需凭收到的付款单据在"用友 GRP-R9 财务管理软件"的出纳管理系统中进行现金付款单的录入，如图 2-6-25 所示。

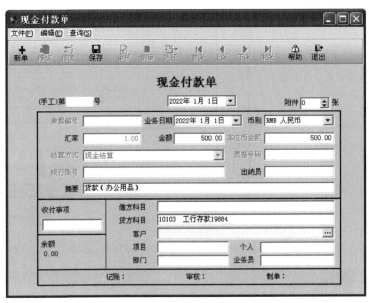

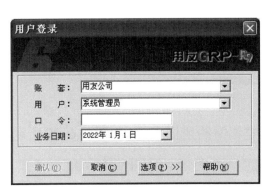

图 2-6-24 "用友 GRP-R9 财务管理软件"
登录界面

图 2-6-25 现金付款单

3）当现金付款单的录入完成后，还需要进行现金付款登记簿的登记工作，如图 2-6-26 所示。

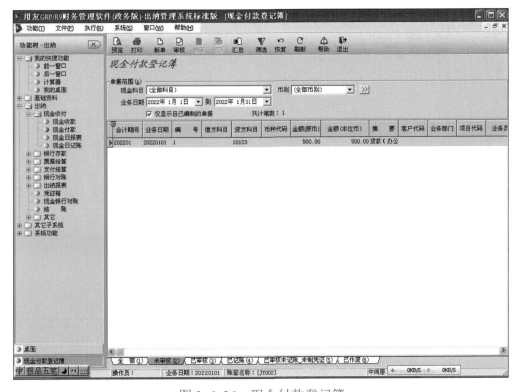

图 2-6-26 现金付款登记簿

4）当单位发生收款项目时，出纳需凭收到的收款单据在"用友 GRP-R9 财务管理软件"的出纳管理系统中进行现金收款单的录入，如图 2-6-27 所示。

图 2-6-27 现金收款单

5）当现金收款单的录入完成后，还需要进行现金收款登记簿的登记工作，如图 2-6-28 所示。

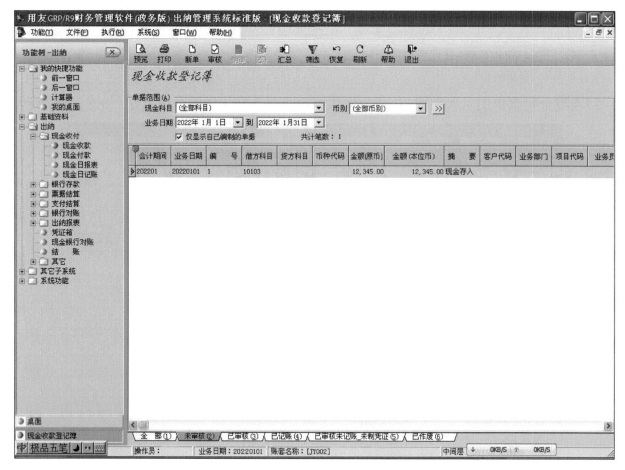

图 2-6-28 现金收款登记簿

6）当每日的现金流水和银行存款账目完成后，还需要产生现金日记表和现金日记账。

技能点拨

对于现金收入（支出）日记账的录入练习，可以借助市面上已有的打字练习软件，如"打字旋风"软件。下面以"打字旋风"软件为例，介绍现金收入（支出）日记账的录入方法。

1）运行"打字旋风"软件，在登录界面中输入参赛证号和登录名后，单击"登录"按钮进行登录。

2）在"打字旋风"软件的主界面中，单击"打字教学"按钮，进入"打字教学"界面。

3）在"打字教学"界面中，单击"单据练习"按钮，进入"单据练习"界面，如图 2-6-29 所示。

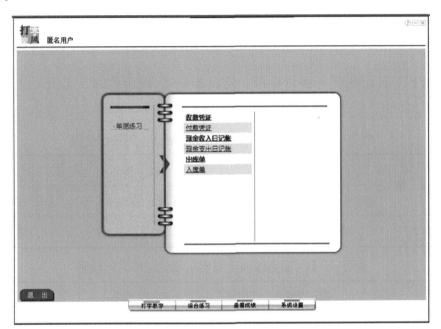

图 2-6-29 进入"单据练习"界面

4）在"单据练习"界面中，单击"现金收入日记账"按钮，进入"现金收入"界面，如图 2-6-30 所示。

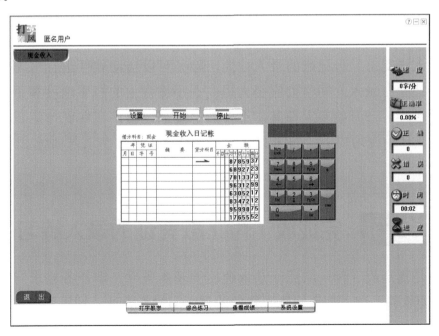

图 2-6-30 "现金收入"界面

5）在"现金收入"界面中，单击"设置"按钮，打开"设置"对话框，在该对话框中可对练习的参数进行相应的设置，如图2-6-31所示。

6）在现金收入日记账录入练习中，要严格按照前面所学的小键盘指法要点操作，特别是用无名指输入小数点时，要注意指位移动的距离。在保证正确率的前提下，通过努力训练来提高录入速度。

图2-6-31　现金收入日记账录入练习的参数设置

7）现金支出日记账的录入练习与现金收入日记账的录入练习相似，此处不再赘述。

任务评价

现金收入（支出）日记账任务评价标准，见表2-6-7。现金收入（支出）日记账练习记录表，见表2-6-8。

表2-6-7　现金收入（支出）日记账任务评价标准

任务内容	测试量	合　格		良　好		优　秀	
		完成时间/秒	准确率（%）	完成时间/秒	准确率（%）	完成时间/秒	准确率（%）
现金流水	100题	240	100	210	100	180	100

表2-6-8　现金收入（支出）日记账练习记录表

练习内容	练习量	第一次练习		第二次练习		第三次练习	
		完成时间/秒	准确率（%）	完成时间/秒	准确率（%）	完成时间/秒	准确率（%）
现金流水	100题						
练后反思	找出录入慢和录入出错的原因，思考如何提高录入速度和正确率						

强化训练

提高现金收入（支出）日记账的录入技能，除了可以借助软件进行练习外，更重要的是要能一边看稿一边盲打录入。同学们应努力提高在小键盘上的打字速度和正确率，只有勤加练习，才能不断进步。一开始要求稳健，不要着急提高速度，在保证一定正确率的基础上再逐步提高速度。具体的练习内容，同学们可参照本书第3章数字录入训练营中的"有点数字"部分。

任务5 ▶ 完成收（付）款凭证的录入练习

正确的指法是提高收（付）款凭证录入速度的基本条件。本任务要求同学们熟悉"用友GRP-R9财务管理软件"和"打字旋风"软件的界面与操作方法，通过该软件来进行收（付）款凭证录入的训练。

任务情境

陆宏从职校财会专业毕业后进入舒乐服装厂担任会计工作,负责把出纳收集的票据进行分类汇总,做会计凭证,登明细账,并于月末生成总账。

任务分析

1. 工作思路

舒乐服装厂使用"用友 GRP-R9 财务管理软件"进行财务管理,陆宏把出纳收集的票据进行分类汇总后,使用该软件的会计管理系统进行记账凭证的录入以及明细账、总账的生成。

2. 注意事项

1)运用正确的指法,击键要干脆利落,击完及时回归基准键。

2)无名指与小指的力度与灵活性较差,需多加练习,以增强键位感。

3)坚持盲打,克服畏难情绪,耐心练习。

知识储备

1. 记账凭证

记账凭证又称记账凭单或分录凭单,是会计人员根据审核无误的原始凭证,按照经济业务事项的内容加以归类,并据以确定会计分录后所填制的会计凭证。它是登记账簿的直接依据。在实际工作中,为了便于登记账簿,需要将来自不同单位、种类繁多、数量庞大、格式大小不一的原始凭证加以归类、整理,填制具有统一格式的记账凭证,确定会计分录并将相关的原始凭证附在记账凭证后面。

专用凭证是用来专门记录某一类经济业务的记账凭证,按其所记录的经济业务与现金和银行存款的收付有无关系,又分为收款凭证、付款凭证和转账凭证 3 种。

2. 财务处理系统

1)现在很多单位都已使用财务管理软件进行相应的财务管理。下面以"用友 GRP-R9 财务管理软件"为例,介绍财务处理系统的操作方法。首先要登录系统,如图 2-6-32 所示。

2)当会计收到出纳交来的原始凭证时,会计需要对这些票据进行分类汇总,并在"用友 GRP-R9 财务管理软件"的财务处理系统中进行记账凭证录入,即登记日常会计账。操作方法为:

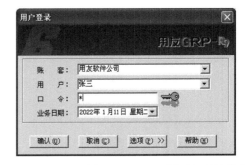

图 2-6-32 "用友 GRP-R9 财务管理软件"
登录界面

在功能树中选择"财务"→"凭证管理"→"编制凭证"命令,进入"记账凭证"界面,如图 2-6-33 所示。

3)会计在"记账凭证"界面中录入完所有记账凭证后,需要在右侧的功能树中选择"凭证处理"命令,对凭证进行审核并记账,然后选择"凭证汇总"命令,对凭证进行汇总。

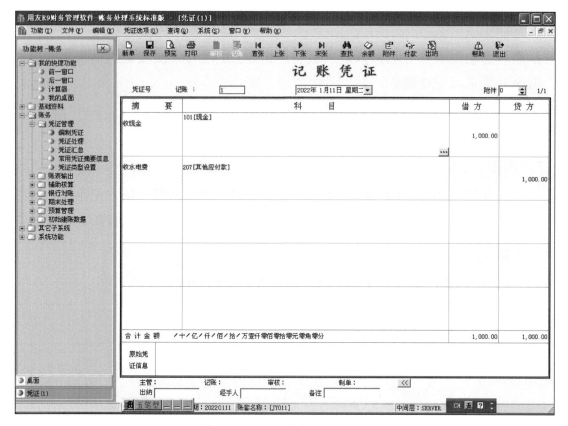

图 2-6-33 "记账凭证"界面

4）凭证处理及凭证汇总完成后，会计需要进行账表输出的操作，以生成明细账。操作方法为：在功能树中选择"账表输出"→"明细账"命令，进入"明细账账簿"界面，如图 2-6-34 所示。

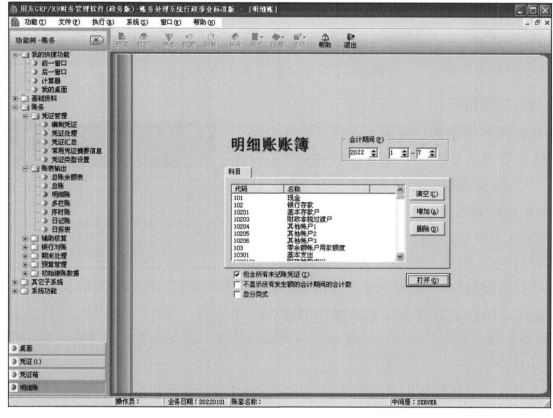

图 2-6-34 "明细账账簿"界面

5）生成明细账后，会计需要继续进行账表输出的操作，以生成总账。操作方法为：在功能树中选择"账表输出"→"总账"命令，进入"总账账簿"界面，如图 2-6-35 所示。

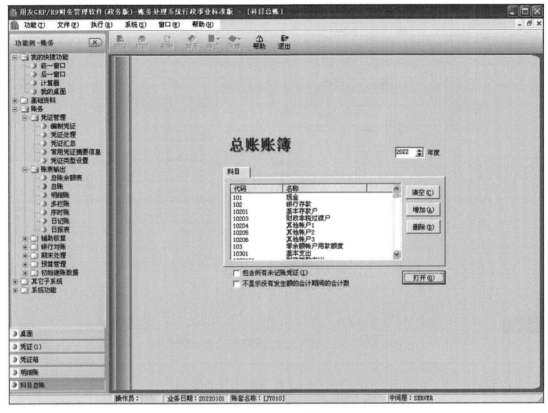

图 2-6-35 "总账账簿"界面

6）进行完这些操作后，到了月（年）末，会计会进入电子报表系统，进行每月（年）的汇总，并生成相应的表格。

技能点拨

对于收（付）款凭证的录入练习，可以借助市面上已有的打字练习软件，如"打字旋风"软件。下面以"打字旋风"软件为例，介绍收（付）款凭证的录入练习。

1）运行"打字旋风"软件，在登录界面中输入参赛证号和登录名，单击"登录"按钮进行登录。

2）在"打字旋风"软件的主界面中，单击"打字教学"按钮，进入"打字教学"界面。

3）在"打字教学"界面中，单击"单据练习"按钮，进入"单据练习"界面。

4）在"单据练习"界面中，单击"收款凭证"按钮，进入"收款凭证"界面，如图 2-6-36 所示。

5）在"收款凭证"界面中，单击"设置"按钮，在打开的"设置"对话框中可以对练习的参数进行相应的设置，如图 2-6-37 所示。

6）在收款凭证录入练习中，要严格按照前面所学的小键盘指法要点操作，特别是用无名指输入小数点时，要注意指位移动的距离。在保证正确率的前提下，通过努力训练来提高录入速度。

7）付款凭证的录入练习与收款凭证的录入练习相似，此处不再赘述。

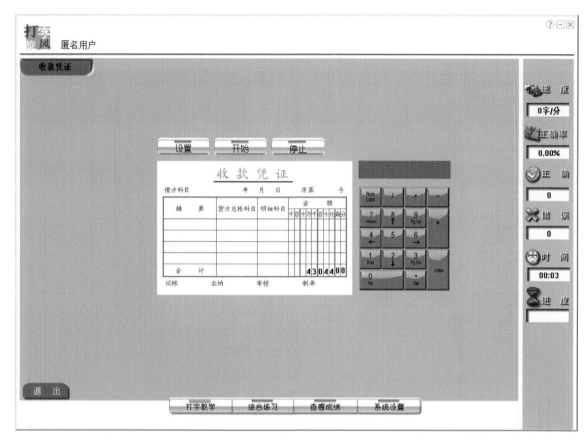

图 2-6-36 "收款凭证"界面

图 2-6-37 收款凭证录入练习的参数设置

任务评价

收（付）款凭证任务评价标准，见表 2-6-9。收（付）款凭证练习记录表，见表 2-6-10。

表 2-6-9 收（付）款凭证任务评价标准

任务内容	测试量	合格		良好		优秀	
		完成时间/秒	准确率（%）	完成时间/秒	准确率（%）	完成时间/秒	准确率（%）
收付凭证	100 题	240	100	210	100	180	100

表 2-6-10 收（付）款凭证练习记录表

练习内容	练习量	第一次练习		第二次练习		第三次练习	
		完成时间/秒	准确率（%）	完成时间/秒	准确率（%）	完成时间/秒	准确率（%）
收付凭证	100 题						
练后反思	找出录入慢和录入出错的原因，思考如何提高录入速度和正确率						

强化训练

提高收（付）款凭证的录入技能，除了可以借助软件进行练习外，更重要的是要能一边看稿一边盲打录入。同学们应努力提高在小键盘上的打字速度和正确率，只有勤加练习，才能不断进步。一开始要求稳健，不要着急提高速度，在保证一定正确率的基础上再逐步提高速度。具体的练习内容，同学们可参照本书第 3 章数字录入训练营中的"有点数字"部分。

任务 6 ▶ 完成出（入）库单的录入练习

正确的指法是提高出（入）库单录入速度的基本条件。本任务要求同学们熟悉"打字旋风"软件的界面与操作方法，通过该软件来进行出（入）库单录入的训练。

任务情境

唐杰豪在职校物流专业学习，曾在百货商场和联华超市实习，毕业时因为专业知识扎实，实习表现优异，被录用到海关部门从事出入库管理工作。

任务分析

1. 工作思路

海关的出入库物流量非常大，唐杰豪每天需要把进出货物的单据录入计算机。出（入）库单据上有货物的名称、单位、数量、单价等信息。

2. 注意事项

1）运用正确的指法，击键要干脆利落，击完及时回归基准键。

2）无名指与小指的力度与灵活性较差，需多加练习，以增强键位感。

3）坚持盲打，克服畏难情绪，耐心练习。

知识储备

出（入）库单一般有固定的格式，包括：仓库名称、编号、日期、材料编号、材料名称、规格型号、计量单位、数量、单价、金额、经办人、保管员、领料人或入库单位等项目。

入（出）库单在物料进（出）库的时候填写，有时没有实际物料进（出）库，只是过账也要求填写（如购入材料直接用于生产，可以开金额相同的入库单和出库单），红字一般用于原有出（入）库单的退库（原领用的物料未用完退库等）。

出库单由使用部门填写，领导批准后由保管员出库，也可以由使用部门提出出库计划，库管填写出库单，领导批准后出库。入库单（也称交库单）则一般由库管填写。

技能点拨

出（入）库单的录入练习，可以借助市面上已有的打字练习软件，如"打字旋风"软件。下面就以"打字旋风"软件为例，介绍出（入）库单的录入练习。

1）运行"打字旋风"软件，在登录界面中输入参赛证号和登录名，单击"登录"按钮进行登录。

2）在"打字旋风"软件的主界面中，单击"打字教学"按钮，进入"打字教学"界面。

3）在"打字教学"界面中，单击"单据练习"按钮，进入"单据练习"界面。

4）在"单据练习"界面中，单击"出库单"按钮，进入"出库单"界面，如图2-6-38所示。

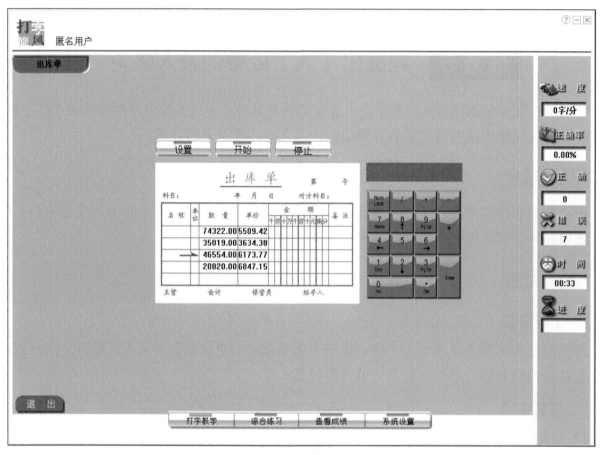

图2-6-38　"出库单"界面

5）在"出库单"界面中，单击"设置"按钮，在弹出的"设置"对话框中可对练习的参数进行相应的设置，如图2-6-39所示。

6）在出库单录入练习中，要严格按照前面所学的小键盘指法要点操作，特别是用无名指输入小数点时，要注意指位移动的距离。在保证准确率的前提下，通过努力训练来提高录入速度。

7）入库单的录入练习与出库单的录入练习相似，此处不再赘述。

图2-6-39　出库单录入练习的参数设置

任务评价

出（入）库单任务评价标准，见表 2-6-11。出（入）库单练习记录表，见表 2-6-12。

表 2-6-11 出（入）库单任务评价标准

任务内容	测试量	合格		良好		优秀	
		完成时间/秒	准确率（%）	完成时间/秒	准确率（%）	完成时间/秒	准确率（%）
出（入）库单	100 题	480	100	420	100	360	100

表 2-6-12 出（入）库单练习记录表

练习内容	练习量	第一次练习		第二次练习		第三次练习	
		完成时间/秒	准确率（%）	完成时间/秒	准确率（%）	完成时间/秒	准确率（%）
出（入）库单	100 题						
练后反思	找出录入慢和录入出错的原因，思考如何提高录入速度和正确率						

强化训练

提高出（入）库单的录入技能，除了可以借助软件进行练习外，更重要的是要能一边看稿一边盲打录入。同学们应努力提高在小键盘上的打字速度和正确率，只有勤加练习，才能不断进步。一开始要求稳健，不要着急提高速度，在保证一定正确率的基础上再逐步提高速度。具体的练习内容，同学们可参照本书第 3 章数字录入训练营中的"有点数字"部分。

第3篇

提 高 篇

➢ 第7章　听打基础训练营　// 160

➢ 第8章　速录强化训练营　// 171

第 7 章

听打基础训练营

◎ **职业能力目标**

1）熟练掌握听打英文文章的技巧。

2）熟练掌握听打中文文章的技巧。

3）通过本章学习，丰富学生的人文素养，培养敬业奉献的精神。

听打是一种特殊的录入方法，它不仅要求指法纯熟，而且注意力要高度集中。只有录入速度与准确率达到一定的程度，并经过针对性的训练，才能边听边进行录入。本章通过系统的训练，使同学们能在录入技能上更上一层楼。

任务1 ▶ 完成英文听打的练习

指法纯熟、注意力高度集中，以及熟知英文，是保证英文听打录入的速度与准确性的关键。同学们应加强英文常用词的听打录入训练，并在平时注意培养自己各方面的能力，拓宽知识面，努力钻研业务知识。有了扎实的基础，才能有效地提高听打成绩。

⇒ 任务情境

梁露珊就读于职校双语文秘专业，她一直刻苦学习各种专业技能并坚持参加礼仪训练。实习时，无论在何种场合，她都仪态大方，举止得体，扎实的专业功底也让领导非常满意。实习结束，她便顺利地留在所实习的外企，担任业务经理的秘书。

⇒ 任务分析

1. 工作思路

由于工作的需要，梁露珊经常跟随业务经理参加各种商务会议。她录入水平并不低、英语水平也不错，但她发现在会议中需要一边听一边进行录入，脑子里经常感觉一片空白，回改率也比较高，容易把关键字错打漏打。经过和学校老师沟通，她知道了这是因为自己平时只注重看稿录入练习，对英文听打练习和听打技巧没有足够重视。于是她决心利用业余时间提高自己的英文听打技能。

2. 注意事项

1）保持正确的录入姿势和录入指法。

2）心要静，注意力要集中，要求盲打。

3）注意拓宽知识面，努力钻研业务知识，熟悉专业词汇，提高录入的准确率。

➡ 知识储备

保证计算机英文听打录入质量的关键因素有：

一是指法纯熟，所听即所得。指法不纯熟，录入速度就慢，会产生错打的假象，要保证录入的速度和准确性，需要苦练基本功；二是注意力高度集中。注意力集中，排除杂念，专心致志，才能避免错打、漏打等现象发生；三是英语的基础要扎实，需要扩展词汇量，还需要多听英文的广播，熟悉各种英语口音的发音变化；四是录入员的日常练习要循序渐进。练习内容从常用英文词汇入手，到简单的句式，再到复杂句式。还要注意英语连读、重读等各种技巧变化。所听文章的朗读速度从缓慢过渡到自然语速，再到行业语速。

➡ 技能点拨

1. 加强英文基本指法的训练

具体要领请参考本书第 1 章中的指法训练内容。

2. 加强英文常用词的听打录入训练

对英文常用词进行听打录入训练，能提高在工作时的反应速度。针对常用的英文介词、副词、代词、连词、形容词、名词、动词等词汇反复进行听打练习，在工作时指法会相对纯熟，能有效地提高录入准确率。

about	except	since	to	ago	even	ever	how	when	where
why	what	all	I	he	she	they	we	one	who	you	it
but	for	if	so	or	any	better	every	much	near	many
address	age	country	date	day	office	people	season	year
accept	believe	begin	enjoy	forget	give	look	meet	move
see	sit	speak	work	thank	try	use	agree	change	choose

3. 加强英文文章的听打录入训练

对英文文章进行听打录入训练，主要是熟悉英文中的连读等音变，以便更好地适应现场工作的需要。

Lion and Mouse

One day, a mouse was lost in the jungle. "Oh! Where am I? I am lost!" The little mouse tried to find his way back home, but he could not.

"What am I going to do?" The mouse felt afraid. He felt hungry too.

Just then, he saw something yellow in the grass. "Oh, boy!" He rushed to it and bit into it.

The mouse did not know that it was actually the tail of a big lion! "ROAR! Who dared to bite my tail?"

The mouse was quite surprised and trembled. "Oh, no! Oh! My King! I am sorry. Please, please, forgive me!"

"What is this? You are nothing but a little mouse. How dare you bite my tail!" And the lion opened his mouth to eat the mouse.

"Wait! Wait! I am too small to eat. Please, let me go. Then, I promise to help you someday!"

"What? Ha! Ha! Ha! How can you, a teeny-tiny mouse, help me? Ha! Ha! I am the ruler of this jungle. I do not need anyone's help."

"But since you made me laugh, I will let you go. Ha! Ha! What a funny mouse!"

"Oh, oh, thank you! But you will see. Someday, I will help you!" Then, the mouse quickly ran away before the lion changed his mind.

A few days later, the mouse heard an awful roaring noise. "Oh, my! What could that be? Maybe it is the king in trouble!" So the curious mouse ran quickly back through the jungle toward the sound.

The mouse saw the lion captured in a large, strong net. The lion looked so sad. He was no longer the King of the Jungle.

"Aha! Here is my chance to show him that I can help him." The mouse ran to the lion's side.

"My King, do not worry! I am here to help you!"

"Oh, it's you again. But how can you help me? You are too small to help me!"

"Just watch! I will bite through the net. Then, you can escape from this net." The mouse chewed and chewed. Soon the lion was able to crawl through the hole in the net. At last, he was free!

"Oh, thank you, Mouse. You kept your promise and saved my life! I will never judge what someone can do by his size ever again!"

任务评价

英文听打任务评价标准，见表 3-7-1。英文听打练习记录，见表 3-7-2。

表 3-7-1　英文听打任务评价标准

任务内容	测试时间（分钟）	合　格		良　好		优　秀	
		录入速度（字/分钟）	准确率（‰）	录入速度（字/分钟）	准确率（‰）	录入速度（字/分钟）	准确率（‰）
英文常用词	10	50	900	65	940	80	980
英文文章	10	60	900	75	940	90	980

表 3-7-2　英文听打练习记录表

练习内容	练习时间（分钟）	第一次练习		第二次练习		第三次练习	
		录入速度（字/分钟）	准确率（‰）	录入速度（字/分钟）	准确率（‰）	录入速度（字/分钟）	准确率（‰）
英文常用词							
英文文章							
练后反思	找出录入慢和录入出错的原因，思考如何提高录入速度和正确率						

强化训练

同学们应努力提高录入的速度和正确率，只有勤加练习，才能不断进步。一开始要求稳健，严格控制准确率，不要急于提高速度，在保证准确率的前提下慢慢加快录入速度。下面提供了一些练习内容，特别是常用词部分，大家应多加练习。

1. 英文常用词

（1）介词

about	above	after	against	along	as	at	before	between
by	during	except	for	from	in	into	near	of	on
over	round	since	till	to	until	with	without	

（2）副词

ago	ahead	almost	along	again	also	already	especially
even	ever	first	fully	generally	hardly	how	when	where
why	what	indeed	inside	just	low	mostly	much	nearly

（3）代词

all	each	either	everybody	everyone	I	me	he	him	she
her	his	they	them	us	we	mine	my	none	nobody	one
somebody	something	that	what	which	who	whose	you	it

（4）连词

because	but	for	if	nevertheless	nor	or	since	so	than
until	when							

（5）形容词

able	absent	any	another	bad	better	good	big	beautiful
blind	brave	careful	clear	common	dry	eager	intenational	
enough	every	extra	false	fast	few	first	formal	front

（6）名词

ability	account	action	address	age		bank	bin	base	boss
body	card	cheque	club	communication	cost	country	date	
day	custom	duty	end	exit		five	home	interview	job

（7）动词

accept	achieve	add	agree	allow	appoint	believe	begin
become	burst	change	choose	control	decide	defend	design	do
earn	enable	enjoy	excite	expect	fail	fall	fear	feel

2. 英文文章

Trees in danger

Millions of years before animals lived on land, there were trees on the earth. But today trees are in serious danger.

In the 1970s, many of the elm trees in Europe died because of Dutch elm disease. Now an even greater danger is threatening the forests and woods of Europe from northern Sweden to southern Italy.

This new danger attacks all trees. First, the leaves turn yellow and brown. Then the trees' needles or leaves fall. The roots and the trunk shrink. Finally, the trees die. In the Black Forest in southern Germany, 75% of the trees have died.

But what is killing the trees? Nobody knows exactly, but it is probably air pollution or acid rain. Factories, power stations, and cars give off tons of smoke with acid into the air. Sunlight turns these acids into poisonous substances which fall in rain or snow onto the trees.

What can be done about acid rain? Why don't governments do anything to save the trees?

Acid rain doesn't always fall on the countries that produce the pollution. The wind carries poisonous substances from one country to another. The governments don't want to spend money on them if the poisonous substances won't harm the trees in their own countries.

In other parts of the world, trees are threatened by people, not by pollution. The great rainforests of Asia and South America are being cut down for firewood and building materials.

Something must be done! If the trees die, we will, too.

Pride and Prejudice

It is a truth universally acknowledged, that a single man in possession of a good fortune must be in want of a wife.

However little known the feelings or views of such a man may be on his first entering a neighbourhood, this truth is so well fixed in the minds of the surrounding families, that he is considered as the rightful property of someone or other of their daughters.

"My dear Mr. Bennet," said his lady to him one day, " have you heard that Netherfield Park is let at last?"

Mr. Bennet replied that he had not.

"But it is," returned she, "for Mrs. Long has just been here, and she told me all about it."

Mr. Bennet made no answer.

"Do not you want to know who has taken it?" cried his wife impatiently.

"You want to tell me, and I have no objection to hearing it."

This was invitation enough.

任务2 完成中文听打的练习

指法纯熟、注意力高度集中，是保证中文听打录入的速度与准确性的关键。加强中文常用词的听打录入训练，并在平时注意培养自己各方面的能力，拓宽知识面，努力钻研业务知识。有了扎实的基础，才能有效地提高我们的听打成绩。

任务情境

何艳玲在职校行政秘书专业学习，除了有关秘书的专业课外，她特别注重录入技能的训练。在高三下学期，114声讯服务台到学校招聘，何艳玲凭着过硬的录入技能入选，顺利进入企业顶岗实习。

任务分析

1. 工作思路

何艳玲平时的录入测试水平不低，但在工作中一边听一边进行录入，感觉脑子有些反应不过来。经过与学校老师沟通，她知道了这是因为平时只注意了看稿录入的练习，对听打的练习没有引起足够的重视，再加上与客户沟通中，许多行业名词和术语自己都很生疏，因此造成了今日工作上的困难重重。于是她决心利用业余时间尽快提高自己的听打技能。

2. 注意事项

1）保持正确的录入姿势和录入指法，注意控制击键力度和时间。

2）尽量将听到的语言信息记录完整，遇到陌生的字、词可先用同音的代替，待后期再进行校对、修改。

3）心要静，注意力要集中，忌急躁。

知识储备

保证和不断提高计算机中文听打录入质量的关键有：

一是指法与汉字录入技能的纯熟，特别是简码字与词组的录入。只有苦练基本功，工作时才能游刃有余；二是注意力高度集中。注意力集中，心不外用，排除杂念，这样才能避免错打、漏打等现象；三是录入员的文化程度和知识面对听打的效果也有很大影响。对中文的熟知程度，特别是对各种同音字词的区分，对本行业的业务知识、专业术语的熟知程度，知识面的广阔适度，都影响计算机听打录入的最后结果。

技能点拨

1. 加强中文基本指法的训练

具体要领请参考第 1 章中的指法训练内容。

2. 加强汉字录入的训练

具体要领请参考本书第 2 章中的汉字录入内容。

3. 加强中文常用词的听打录入训练

由于汉字是衍形表意文字，因此汉语在表达字义时，出现了文字字形、字音和字义三者之间的矛盾，这些矛盾交错发展形成了一字多形、多音、多义和多字同形、同音、同义的现象。在中文听打录入时，对于比较容易出错的形似而义不同、音似而义不同的汉字，必须辨别清楚，以提高录入的正确率。对中文常用词进行听打入训练，不仅能有效提高准确率，而且能提高在工作时的反应速度。

4. 加强中文文章的听打录入训练

对中文文章进行听打录入训练，主要是熟悉中文的同音字、词在文章中的正确运用，更好地适应现场工作的需要。

和时间赛跑

读小学的时候，我的外祖母过世了。外祖母生前最疼爱我，我无法排除自己的忧伤，每天在学校的操场上一圈又一圈地跑着，跑得累倒在地上，扑在草坪上痛哭。那哀痛的日子断断续续地持续了很久，爸爸妈妈也不知道如何安慰我。他们知道与其骗我说外祖母睡着了，还不如对我说实话：外祖母永远不会回来了。

"什么是永远不会回来呢？"我问。"所有时间里的事物，都永远不会回来了。你的昨天过去了，它就永远变成昨天，你也再不能回到昨天了。爸爸以前也和你一样小，现在也不能回到你这么小的童年了。有一天你会长大，你也会像外祖母一样老，有一天你度过了你的所有时间，也会像外祖母一样永远不能回来了。"爸爸说。爸爸等于给我说了一个谜，这个谜比"一寸光阴一寸金，寸金难买光阴"还让我感到可怕，比"光阴似箭，日月如梭"更让我有一种说不出的滋味。时间过得飞快，使我的心里不只是着急，还有悲伤。

有一天我放学回家，看到太阳快落山了，就下决心说："我要比太阳更快地回家。"我狂奔回去，站在庭院里喘气的时候，看到太阳还露着半边脸，我高兴地跳起来。那一天我跑赢了太阳。以后我常做这样的游戏，有时和太阳赛跑，有时和西北风比赛，有时一个暑假的作业，我十天就做完了。那时我三年级，常把哥哥五年级的作业拿来做。每一次比赛胜过时间，我就快乐得不知道怎么形容。如果将来我有什么要教给我的孩子，我会告诉他：假若你一直和时间赛跑，你就可以成功。

➛ 任务评价

中文听打任务评价标准，见表 3-7-3。中文听打练习记录表，见表 3-7-4。

表 3-7-3 中文听打任务评价标准

任 务 内 容	测试时间（分钟）	合 格		良 好		优 秀	
		录入速度（字/分钟）	准确率（‰）	录入速度（字/分钟）	准确率（‰）	录入速度（字/分钟）	准确率（‰）
中文常用词	10	20	900	35	940	50	980

表 3-7-4 中文听打练习记录表

练 习 内 容	练习时间（分钟）	第一次练习		第二次练习		第三次练习	
		录入速度（字/分钟）	准确率（‰）	录入速度（字/分钟）	准确率（‰）	录入速度（字/分钟）	准确率（‰）
中文常用词							
中文文章							
练后反思	找出录入慢和录入出错的原因，思考如何提高录入速度和正确率						

强化训练

同学们应努力提高录入的速度和正确率，只有勤加练习，才能不断进步。一开始练习要求稳健，严格控制准确率，不要急于提高速度，在保证准确率的前提下再慢慢加快录入速度。下面提供了一些练习内容，特别是常用词部分，大家应多加练习。

1. 中文常用词

阿姨	爱戴	爱国	爱好	爱护	爱情	爱人	安定	安静	安排	安全	安慰
安心	安置	安装	案件	按期	按照	暗淡	暗示	肮脏	澳门	报答	报导
报到	报道	报废	报复	报告	报刊	报名	报社	报销	报纸	背后	背景
本国	本来	本领	本人	本身	本事	本文	本性	本职	本着	本质	笨重
崩溃	笔记	表格	表决	表面	表明	不料	布局	布置	步骤	裁判	才能
材料	财产	财富	财经	财政	采购	采纳	采取	彩电	彩色	菜场	出现
出租	除非	除了	储备	储藏	储存	储蓄	处罚	处分	处境	创造	创作
垂直	春风	春季	春节	纯粹	春卷	磁盘	促使	村庄	措施	答应	达到
答案	打断	打击	典型	奠定	电报	电灯	电话	电力	电脑	电器	电扇
电视	电台	电影	电子	调查	调动	调换	定额	定期	订购	订阅	顿时
多半	多么	多年	多少	多数	多余	多种	夺取	躲藏	堕落	恶毒	恶化
恶劣	扼要	而后	而且	而已	儿女	儿子	耳朵	二月	发表	发布	发达
发挥	发掘	发明	发扬	发展	罚款	法国	法令	法律	法院	法制	翻译
巩固	贡献	共同	共需	共有	勾结	勾当	构成	构造	购买	购置	估计
姑娘	姑且	孤单	孤独	孤立	骨头	鼓动	鼓励	鼓舞	孩子	还是	核算
核心	河北	河流	河南	河内	何必	何况	合并	合成	合法	合肥	合格
辉煌	灰尘	回答	回家	回来	回去	回收	回忆	毁坏	汇报	活动	活泼
活跃	火车	火箭	伙食	获得	或是	或者	货币	货物	激动	激发	极限
急件	急忙	急需	急躁	几时	即将	即刻	即使	济南	给予	寂寞	计策
渐渐	间接	鉴定	见解	见面	见效	建成	建国	建立	交通	交往	交易
郊区	骄傲	焦急	侥幸	具备	具体	具有	据说	据悉	开除	开动	开发
开放	开关	开花	开会	开阔	开朗	开幕	开辟	开始	开头	开拓	开展
开支	刊物	勘测	勘探	看见	看来	看作	慷慨	抗拒	抗议	考古	考核
考虑	考试	考验	拷贝	靠近	科技	科目	科普	科学	零件	零售	零星
玲珑	灵活	灵敏	灵巧	领导	领事	领土	领先	领袖	领域	另外	流利
隆重	垄断	陆地	陆军	旅馆	旅客	旅行	旅游	屡次	律师	绿色	掠夺
轮船	轮廓	论述	论文	逻辑	落成	落空	落实	妈妈	麻痹	麻烦	马达
马虎	马路	马上	码头	埋藏	埋没	买卖	埋怨	满怀	满意	敏感	敏捷
敏锐	明白	明朗	明亮	明显	名称	名单	名额	名贵	命令	命名	命运
摸索	摩擦	模范	某些	母亲	目的	目光	目前	哪个	哪里	哪怕	哪儿
哪样	那边	那个	那里	那么	那些	那样	那种	南边	南昌	南方	南海
南京	南宁	男女	男人	难得	难看	难受	难题	难忘	难以	脑袋	脑筋
耐心	努力	怒吼	怒火	女儿	女人	暖和	诺言	欧洲	偶尔	偶然	排斥
排列	派遣	攀登	盘旋	判断	叛徒	盼望	旁边	跑步	培训	培养	培育
培植	赔偿	陪同	配备	平安	平常	平方	平衡	平静	平均	平面	平壤
平坦	平稳	平原	评比	评价	评论	凭借	普遍	普查	普及	普通	期待
期间	期刊	期望	期限	欺负	欺侮	七月	妻子	其次	其实	其他	其余
其中	旗帜	奇怪	奇迹	清单	清洁	清理	清晰	清醒	轻松	轻微	情报

情节	情景	情况	情形	情绪	晴朗	确切	确认	确实	群岛	群众	然而
然后	燃料	燃烧	热爱	热诚	热烈	热闹	热情	人才	人物	人员	人造
认识	认为	认真	任何	任命	任凭	任务	任意	仍旧	仍然	日报	容易
荣幸	荣誉	融化	柔和	柔软	如此	如同	入场	入党	软件	若干	三月
散步	散发	山河	山脉	山西	闪耀	擅自	善良	商场	商店	商量	商品
商榷	胜利	湿润	诗歌	师范	师傅	师长	失败	失掉	实现	实行	识别
时而	时候	时机	时间	时刻	埋藏	树立	树木	数据	数量	它们	他们
条约	调和	调剂	调节	调整	童年	同伴	同胞	同步	同时	同事	同学
同样	同一	同意	同志	统筹	图画	图片	图像	图形	图纸	途径	徒弟
土地	团结	团体	团员	推测	脱离	脱销	妥当	妥善	拓扑	挖掘	温暖
文化	文件	文教	文章	文书	文物	文字	文献	文学	文艺	问答	问题
闻名	稳定	稳当	稳重	我党	我们	污染	无比	无法	舞蹈	侮辱	误差
误会	误解	误码	误字	务必	物价	物件	物体	物质	物资	西安	先锋
先后	先进	先烈	现象	现行	现有	现在	现状	相关	相同	相信	香港
兴奋	兴建	兴起	兴盛	兴起	形成	序列	序言	宣布	宣告	宣誓	宣言
宣扬	旋转	悬殊	选拔	选举	选派	学习	学校	迅速	压力	医生	优点
优惠	优良	优美	优势	优先	优秀	优异	优越	优质	幽默	悠久	悠扬
预订	预定	预防	预告	预期	预言	渊博	冤枉	圆满	援助	缘故	原由
远大	远见	远景	院校	院长	院子	愿望	愿意	约定	杂技	杂乱	杂志
灾害	灾荒	灾难	栽培	栽种	赞叹	赞同	赞扬	赞助	展现	战略	战胜
战士	战术	掌握	障碍	招呼	招聘	招展	着急	召集	召开	照办	照常
照顾	照例	照料	照相	照样	照耀	照应	周到	周密			

青海省	青年人	青少年	轻工业	取决于	全世界	人民币	人生观
舍不得	什么样	审计署	沈阳市	甚至于	生产力	生产率	生活上
生命力	省军区	十二月	石家庄	实际上	世界观	事实上	收录机
简单扼要	简明扼要	健康状况	建筑材料	奖勤罚懒	降低成本		
交通规则	接二连三	结合实际	解放军报	解决问题	戒骄戒躁		
紧急措施	仅供参考	近几年来	经济杠杆	经济管理	经济核算		
国家信访局		常务委员会		中国科学院		从实际出发	
国务院发展研究中心		中央广播电视总台		中华人民共和国应急管理部			
国家国际发展合作署		国家国防科技工业局		国家中医药管理局		据不完全统计	
军事科学院							

2. 中文文章

假如给我三天光明

海伦·凯勒

啊，如果我有三天视力的话，我该看些什么东西呢？

第一天，我要看到那些好心的、温和的、友好的、使我的生活变得有价值的人们。首先，我想长时间地凝视着我亲爱的教师安妮·莎莉文·麦西夫人的脸，当我还是孩子时，她就来到我家，是她给我打开了外部世界。我不仅要看她脸部的轮廓，为了将她牢牢地放进我的记忆，还要仔细研究那张脸，并从中找出同情的温柔和耐心的生动的形迹，她就是靠温柔与耐心来完成教育我的困难任务。我要从她的眼睛里看出那使她能坚定地面对困难的坚强毅力和她那经常向我显示出的对于人类的同情心。

第一天将是一个紧张的日子。我要将我的所有亲爱的朋友们都叫来，好好端详他们的面孔，将体现他们内在美的外貌深深地印在我的心上。我还要看一个婴儿的面孔，这样我就能看到一种有生气的、天真无邪的美，它是一种没有经历过生活斗争的美。

我还要看看我那群忠诚的、令人信赖的狗的眼睛——那沉着而机警的小斯科第、达基和那高大健壮而懂事的大戴恩、海尔加，它们的热情、温柔而淘气的友谊使我感到温暖。

在那紧张的第一天里，我还要仔细观察我家里那些简朴小巧的东西。我要看看脚下地毯的艳丽色彩，墙壁上的图画和那些把一所房屋改变成家的熟悉的小东西。我要用虔敬的目光凝视我所读过的那些凸字书，不过这眼光将更加急于看到那些供有视力的人读的印刷书。因为在我生活的漫长黑夜里，我读过的书以及别人读给我听的书，已经变成一座伟大光明的灯塔，向我揭示出人类生活和人类精神的最深泉源。

荷塘月色
朱自清

沿着荷塘，是一条曲折的小煤屑路。这是一条幽僻的路；白天也少人走，夜晚更加寂寞。荷塘四面，长着许多树，蓊蓊郁郁的。路的一旁，是些杨柳，和一些不知道名字的树。没有月光的晚上，这路上阴森森的，有些怕人。今晚却很好，虽然月光也还是淡淡的。

路上只我一个人，背着手踱着。这一片天地好像是我的；我也像超出了平常的自己，到了另一世界里。我爱热闹，也爱冷静；爱群居，也爱独处。像今晚上，一个人在这苍茫的月下，什么都可以想，什么都可以不想，便觉是个自由的人。白天里一定要做的事，一定要说的话，现在都可不理。这是独处的妙处，我且受用这无边的荷香月色好了。

曲曲折折的荷塘上面，弥望的是田田的叶子。叶子出水很高，像亭亭的舞女的裙。层层的叶子中间，零星地点缀着些白花，有袅娜地开着的，有羞涩地打着朵儿的；正如一粒粒的明珠，又如碧天里的星星，又如刚出浴的美人。微风过处，送来缕缕清香，仿佛远处高楼上渺茫的歌声似的。这时候叶子与花也有一丝的颤动，像闪电般，霎时传过荷塘的那边去了。叶子本是肩并肩密密地挨着，这便宛然有了一道凝碧的波痕。叶子底下是脉脉的流水，遮住了，不能见一些颜色；而叶子却更见风致了。

月光如流水一般，静静地泻在这一片叶子和花上。薄薄的青雾浮起在荷塘里。叶子和花仿佛在牛乳中洗过一样；又像笼着轻纱的梦。虽然是满月，天上却有一层淡淡的云，所以不能朗照；但我以为这恰是到了好处——酣眠固不可少，小睡也别有风味的。月光是隔了树照过来的，高处丛生的灌木，落下参差的斑驳的黑影，峭楞楞如鬼一般；弯弯的杨柳的稀疏的倩影，却又像是画在荷叶上。塘中的月色并不均匀；但光与影有着和谐的旋律，如梵婀玲上奏着的名曲。

人是什么
赵鑫珊

人是什么？

爱因斯坦在晚年曾作过如下一段自白：

一个人很难知道在他自己的生活中什么是有意义的，当然也就不应当以此去打扰别人。鱼对于它终生都在其中游泳的水又知道些什么呢？

但是，爱因斯坦毕竟从某个侧面做出了较明确的回答：

苦和甜来自外界，坚强则来自内心，来自一个人的自我努力。

二十多年来，这个教人自强不息的回答总是像伫立在夜雾茫茫的大海上的一座灯塔，若隐若现，时明时暗，照着我的人生航程。

在其他许多地方，爱因斯坦则用非常明确的语言和结论回答了"人是什么"这个万古恒新的问题：

我们吃别人种的粮食，穿别人缝的衣服，住别人造的房子。我们的大部分知识和信仰都是通过别人所创造的语言由别人传授给我们的……个人之所以成其为个人，以及他的生存之所以有意义，与其说是靠他个人的力量，不如说是由于他是伟大人类社会的一个成员，从生到死，社会都在支配着他的物质生活和精神生活。

我想，爱因斯坦这段有关"人是什么"的质朴见解，是能为我们欣然接受的。

第 8 章

速录强化训练营

速录是由具备相当的信息辨别、采集和记忆能力及语言文字理解、组织、应用等能力的人员运用速录机、速录软件对语音或文本信息进行实时采集、整理的工作，凭借着声像同步的录入速度提高工作效率。速录在司法、大型会议、网络媒体、新闻出版等领域具有人才需求。本章将以现场会议记录和辩论赛实录为例，让同学们掌握速录的技巧，并通过艰苦训练达到实战的程度。

任务 1 ▸ 完成现场会议记录的速录练习

会议记录的要求归纳起来主要有两个：一是速度，二是真实性。所以现场会议的记录对速度与准确性的要求非常高，只有刻苦训练才能达到记录要求。

➥ 任务情境

苏宁生从职校商务专业毕业后，进入飞熊公司做行政助理工作。由于工作的需要，苏宁生经常跟随公司领导出席各种商务会议，并负责把会议的组织情况和具体内容如实地记录下来。

➥ 任务分析

1. 工作思路

现在单位基本都要求会议记录要以纸制形式和电子形式两种方式呈现，所以最佳办法是用计算机进行会议的现场记录。

2. 注意事项

会议记录稿的要求：①依实而记，不加不漏，要准确；②记录清楚，有条理；③突出重点。

知识储备

1. 会议记录

在会议过程中，由专门记录人员把会议的组织情况和具体内容如实地记录下来，就形成了会议记录。

会议记录有详记与略记之别。略记是记会议大要，会议上的重要或主要言论。详记则要求记录的项目必须完备，记录的言论必须详细完整。对会议记录而言，记下的内容需要形成文字和电子形式的文稿；通常还需要借助录音、录像，以此作为记录内容最大限度地再现会议情境的保证。

2. 格式

会议记录的格式分为记录头、记录主体、审阅签名3个部分。

记录头的内容有：①会议名称；②会议时间；③会议地点；④会议主席（主持人）；⑤会议出席、列席和缺席情况；⑥会议记录人员签名。

3. 要求

会议记录的要求归纳起来主要有两个方面：一个是速度要求，另一个是真实性要求。

（1）速度要求

快速是对记录的基本要求。

（2）真实性要求

纪实性是会议记录的重要特征，因此确保真实就成为对记录稿的必然要求。

真实性要求的具体含义是：

1）准确。不添加，不遗漏，依实而记。

2）清楚。首先是书写要清楚；其次，记录要有条理。

3）突出重点。

4. 会议记录应该突出的重点

1）会议中心议题以及围绕中心议题展开的有关活动。

2）会议讨论、争论的焦点及其各方的主要见解。

3）权威人士或代表人物的言论。

4）会议开始时的定调性言论和结束前的总结性言论。

5）会议已议决的或议而未决的事项。

6）对会议产生较大影响的其他言论或活动。

技能点拨

1）用计算机进行现场会议记录，对录入员的录入技能有一定的要求，因此对文字的录入要勤加练习。具体要求及要点请参照本书的第1～3章的内容。

2）用计算机进行现场会议记录，要有一定的速度和准确率作为保证，因此对听打有较为严格的要求，只有刻苦训练才能达到，具体要点请参照本书第7章中的内容。

3）为了能做好现场会议记录，同学们必须提前做准备。例如，会议记录头的内容大多是会前就能知道的，可以先行录入；遇到自己不了解的领域，会议前查资料做准备更是不可缺少的。

4）日常工作中经常用到的办公软件如 Word、Excel 等要能够熟练使用。

任务评价

现场会议记录任务评价标准，见表 3-8-1。现场会议记录练习记录表，见表 3-8-2。

表 3-8-1　现场会议记录任务评价标准

任 务 内 容	测试时间（分钟）	合　格		良　好		优　秀	
		录入速度（字/分钟）	准确率（‰）	录入速度（字/分钟）	准确率（‰）	录入速度（字/分钟）	准确率（‰）
现场会议记录	10	120	940	150	960	180	980

表 3-8-2　现场会议记录练习记录表

练 习 内 容	练习时间（分钟）	第一次练习		第二次练习		第三次练习	
		录入速度（字/分钟）	准确率（‰）	录入速度（字/分钟）	准确率（‰）	录入速度（字/分钟）	准确率（‰）
现场会议记录							
练 后 反 思	找出录入慢和录入出错的原因，思考如何提高录入速度和正确率						

强化训练

同学们对现场会议记录已经有所了解，请大家完成以下任务。另外，大家平时可以利用班级、学校开会的机会进行现场会议记录的练习，多次练习后，现场记录的水平会明显提高。

1. 飞熊公司项目会议记录

飞熊公司项目会议

时间：2022 年 9 月 1 日

地点：公司会议室

出席人：公司各部门主任

主持人：马燕（公司副总经理）

记录：祁迎峰（办公室主任）

一、主持人讲话

今天主要讨论一下办公软件是否投入开发以及如何开展前期工作的问题。

二、发言

技术部朱总：类似的办公软件已经有不少，如微软公司的 Word、金山公司的 WPS 系列，以及众多的财务、税务、管理方面的软件。我认为首要的问题是确定选题方向，如果没有特点，千万不能动手。

资料部祁主任：应该看到的是，办公软件虽然很多，但从专业角度而言，还是有一定的需求，如行政公文、书信等，我认为我们定位在这一方面是很有市场的。

市场部唐主任：这是在众多"航空母舰"中间寻求突破，我认为有成功的希望，关键的问题就是必须小巧，并且速度极快。因为我们建造的不是"航空母舰"，这就必须考虑到兼容问题。

各部门都同意立项，初步的技术方案将在十天内完成，资料部预计需要三个月完成资料编辑工作，系统集成约需要二十天，该软件预定于元旦投放市场。

散会。

主持人：（签名）　　　　　　　　　　　　　　　　记录人：（签名）

2. 模拟法庭审理案件

模拟法庭审理案件

（高二（1）班的一次主题班会）

时间：2022年9月11日

地点：某中学高二（1）班教室

出席人：班主任及全班同学

主持人：刘燕（班级文体委员）

记录人：吴小飞（班级学习委员）

环境布置：教室正前方横排摆放两张课桌。"审判长"和三名"陪审员"端坐其后。两侧各有一张课桌，分别是"公诉人"和"辩护律师"。"被告"则坐在教室的中间。从"审判长"到"被告"，到"证人"均由同学扮演。在"被告席"的后面是听众席，班级其余同学参加旁听。

主持人：这是我们班的一次模拟法庭审理案件的主题班会。审理的案件是虚拟的：被告张晓鸣在一天中午与同桌王刚嬉戏，后来发生口角。王刚用绰号骂了张晓鸣，张晓鸣被激怒，挥拳打去，正中王刚的鼻梁，顿时鲜血直流。被同学劝阻后，张晓鸣住手。经医院检查，王刚鼻梁轻度红肿，但鼻骨未伤。

"法庭"审理开始。审判长由宣传委员担任，他宣布开庭。

先由"公诉人"起诉。公诉人是班长，他在陈述了案情经过后说："发生这么一起不愉快的事情，主要是由于被告人的蛮横无理。为严肃班级纪律，提请法庭给予被告停课检讨的处分。"接着，被告的辩护人——体育委员说："尽管这是一件不愉快的事情，但并非没有原因。导致被告动手打人的直接原因，是王刚骂了我的当事人。这一点请法庭予以注意。"

这时，原告当场叫了起来："我没有骂他！"

"据被告肯定，你骂了。"辩护人回答。

审判长当即传讯"证人"——案发时正在教室里擦黑板的一位同学。证人公允地说道："我听见原告连说了两遍被告的绰号，然后才见被告打他。至于提绰号算不算骂人，提请法庭裁定。"

端坐在审判席上的四位同学当场合议了一番，由审判长宣布："由于绰号带有侮辱人格的性质，属于骂人。"接着又宣布："被告张晓鸣动手打人，致使原告鼻腔流血较多，尽管事出有因，但打人的行为是极其严重的。考虑到事后被告能主动认识错误，特判决如下：

①责令被告当众向原告赔礼道歉，并保证以后坚决改掉这一恶习；②赔偿原告去医院验伤的一切费用。"

被告表示服从。

被告当众向法庭作了最后陈述。他说："感谢同学们和老师原谅了我的粗鲁和野蛮……我现在很后悔……"被告演得很真实，赢得了全班同学的掌声。

最后，班主任小结道："课后玩耍，说说笑笑，这本是一种休息，一种精神调节，但我们从今天的班会中引出的教训是，开玩笑不可过分，要有节制。而这又离不开同学相互之间的友爱、关怀和谅解。愿我们天天生活在和睦愉快的气氛之中。"

主题班会在又一阵掌声中结束了。同学们从中受到了启发：懂得了打人、骂人的危害性；同时也了解了法庭审理的最一般的程序。既长了知识，又受了教育。

主持人：（签名）　　　　　　　　　　　　记录人：（签名）

任务 2　完成辩论赛实录的速录练习

做一名合格的速录师，对体力、听力、理解力、记忆力、反应能力、协调能力的要求比较高。在正确的方法下持之以恒地练习有助于提高录入速度和准确率。训练时需要忍受得住寂寞和枯燥；平时要注意积累社会知识，提高自身文化水平。

━━▶ 任务情境

蒙柳晨在职校行政文秘专业学习，高三期间，她与几位同学一起在中国－东盟博览会秘书处实习，参与中国－东盟博览会、中国－东盟商务与投资峰会各场会议，从事现场会议记录等工作。实习期间，蒙柳晨交出的稿件速度快，准确率高，排版美观。由于她的突出表现，领导推荐她到桂登律师事务所工作。

━━▶ 任务分析

1. 工作思路

虽然有了将近一年从事现场会议记录工作的经验，蒙柳晨在桂登律师事务所工作时还是遇到了困难。首先是询问记录时，由于当事人来源比较复杂，口音多样，听起来相当吃力；然后是在法庭辩论、进行庭审记录时，法官、律师的语速都比较快，原来的录入速度有些跟不上。蒙柳晨急切想找到一个快速提高工作效率及效果的方法。经过多方咨询，她决定学习速录技术，拿下速录师的职业资格证。

2. 注意事项

1）训练时需要忍受得住寂寞和枯燥。

2）在正确的方法下持之以恒地练习，有助于提高录入速度和准确率。

3）注意积累社会知识，提高文化水平，积攒工作经验。

知识储备

1. 速录简介

速录师的就业前景十分光明。一般人讲话的速度都在每分钟 180 ～ 230 字，掌握好速录这一技能，达到"言出字现，音落符出"，就能实现"简单技能下的金领收入"。

速录师是运用速录技术，从事语音信息实时采集并生成电子文本的人员。速录师目前主要在下面几个领域工作：一是司法系统的庭审记录、询问记录；二是社会各界讨论会、研讨会的现场记录；三是政府部门、各行各业办公会议的现场记录；四是新闻发布会的网络直播；五是网站嘉宾访谈、网上的文字直播；六是外交、公务、商务谈判的全程记录；七是讲座、演讲、串讲的内容记录。

2. 速录师国家职业标准

2003 年劳动和社会保障部颁布了《速录师国家职业标准》。本职业共分设 3 个等级，速录员（国家职业资格五级）、速录师（国家职业资格四级）、高级速录师（国家职业资格三级）。其技能要求为：速录员不得低于 140 字 / 分钟；速录师不得低于 180 字 / 分钟；高级速录师不得低于 220 字 / 分钟。

3. 速录师职业能力特征

根据目前的速录师职业标准，一名合格的速录师需要具备以下职业能力特征：一是需要具有较高的获取、领会和理解外界信息的能力，并具有较高的分析、推理与判断能力；二是需要具有较高的以文字方式进行有效表述的能力；三是需要具备迅速、准确、灵活地运用手指完成既定操作的能力；四是需要具有根据听觉与视觉信息协调耳、眼、脑、手及身体其他部位，迅速、准确、协调地做出反应，完成既定操作的能力。

技能点拨

1. 练习汉字输入

此阶段约需一个月。练习时请参考本书第 2 章中汉字录入的内容。

2. 练习输入文章

此阶段需 3 ～ 4 个月，练习输入文章以财经新闻为主。练习时请参考本书第 2 章中汉字录入的内容。

3. 练习听打

此阶段需持续半年甚至更长。可以参考本书第 7 章中文听打训练的内容进行练习。练习时可以边听广播、电视新闻等边进行记录，录入速度由慢到快。辨析各种声音特征是将语音信息转化为文字的前提，一些单位考核速录员的速度，是以三篇中等难度的生文章达到 95% 的正确率为标准的。所以练习时不能简单求快，应在确保正确率的前提下，再尽力提高速度。速录的最高录入速度可达到 520 字 / 分钟，而录入速度在每分钟 200 个字以上时，就完全可以实现

"语音落、记录完、文稿成"。

4. 注意事项

1）速录师需要接触各行各业的会议，因此平时要关心国家大事和国际时事，尽量扩大自己的知识面。遇到自己不了解的领域时，应在会议前多查资料做好充分准备。

2）熟练掌握 Word、Excel 等办公软件的使用方法。交给客户一篇格式严谨、排版精美的文稿，将会获得更高的赞赏。

任务评价

辩论赛实录任务评价标准，见表 3-8-3。辩论赛实录练习记录表，见表 3-8-4。

表 3-8-3　辩论赛实录任务评价标准

任 务 内 容	测试时间（分钟）	合　格		良　好		优　秀	
		录入速度（字/分钟）	准确率（‰）	录入速度（字/分钟）	准确率（‰）	录入速度（字/分钟）	准确率（‰）
辩论赛实录	10	140	960	180	980	220	998

表 3-8-4　辩论赛实录练习记录表

练 习 内 容	练习时间（分钟）	第一次练习		第二次练习		第三次练习	
		录入速度（字/分钟）	准确率（‰）	录入速度（字/分钟）	准确率（‰）	录入速度（字/分钟）	准确率（‰）
辩论赛实录							
练后反思	找出录入慢和录入出错的原因，思考如何提高录入速度和正确率						

强化训练

同学们已经了解了速录的有关要求，可以在平时进行辩论赛实录的练习。

参 考 文 献

[1] 侯国金，占俊英. 信函英语 [M]. 武汉：武汉测绘科技大学出版社，1998.

[2] 汤一雯. 怎样写英文信 [M]. 北京：知识出版社，1982.

[3] 陈秀艳. 学写常用应用文 [M]. 上海：华东师范大学出版社，2014.

[4] 沙申，郁小华. 国际商务字符录入 [M]. 上海：华东师范大学出版社，2007.